はじめに

パソコンは、今や現代人の必需品。パソコンに触れる機会のなかったあなたも、インターネットやメールを利用したり、ゲームで遊んだりして、パソコンを楽しんでみませんか？
本書は、パソコンをはじめて使う方を対象に、最初に知っておきたいパソコンの基礎知識や基本操作などをわかりやすく丁寧に解説しているテキストです。また、パソコンを使ううえで知っておきたいセキュリティ対策や、パソコンを使っているときによくあるトラブルの解決方法など、初心者の方が知っておくと役立つ知識もご紹介しています。
本書は、経験豊富なインストラクターが、日頃のノウハウをもとに作成しており、講習会や授業の教材としてご利用いただくほか、自己学習の教材としても最適なテキストとなっております。
本書を学習することで、パソコンに親しみ、パソコンを活用するための"第一歩"となれば幸いです。

本書を購入される前に必ずご一読ください
本書は、2018年5月現在のWindows 10（ビルド17134.1）に基づいて解説しています。Windows Updateによって機能が更新された場合には、本書の記載の通りに操作できなくなる可能性があります。あらかじめご了承の上、ご購入・ご利用ください。

2018年7月4日
FOM出版

Contents 目次

Contents

Contents

Contents

Introduction

本書をご利用いただく前に

本書で学習を進める前に、ご一読ください。

1 本書の記述について

操作の説明のために使用している記号には、次のような意味があります。

記述	意味	例
[ ]	キーボード上のキーを示します。	[Enter]
[ ]+[ ]	複数のキーを押す操作を示します。	[Shift]+[%5え] （[Shift]を押しながら[%5え]を押す）
《 》	ダイアログボックス名やタブ名、項目名など画面の表示を示します。	《保存》をクリックします。
「 」	重要な語句や機能名、画面の表示、入力する文字列などを示します。	「デスクトップ」といいます。 「せんせい」と入力します。

知っておくべき重要な内容

知っていると便利な内容

※ 補足的な内容や注意すべき内容

学習した内容の確認問題

Let's Try Answer 確認問題の答え

マウスによる操作方法

タッチによる操作方法

2 製品名の記載について

本書では、次の名称を使用しています。

正式名称	本書で使用している名称
Windows 10	Windows 10 または Windows

3 学習環境について

本書を学習するには、次のソフトウェアが必要です。

Windows 10

本書を開発した環境は、次のとおりです。
・OS：Windows 10（ビルド17134.1）
・ディスプレイ：画面解像度　1024×768ピクセル
※インターネットに接続できる環境で学習することを前提に記述しています。
※環境によっては、画面の表示が異なる場合や記載の機能が操作できない場合があります。

◆画面解像度の設定

画面解像度を本書と同様に設定する方法は、次のとおりです。
①デスクトップの空き領域を右クリックします。
②**《ディスプレイ設定》**をクリックします。
③**《解像度》**の ∨ をクリックし、一覧から**《1024×768》**を選択します。
※確認メッセージが表示される場合は、《変更の維持》をクリックします。

4 本書の最新情報について

本書に関する最新のQ&A情報や訂正情報、重要なお知らせなどについては、FOM出版のホームページでご確認ください。

ホームページ・アドレス

http://www.fom.fujitsu.com/goods/

ホームページ検索用キーワード

FOM出版

よくわかる

第1章 Chapter 1

パソコンを触ってみよう

Step 1 パソコンとは?

1 パソコンでできること

「パソコン」とは、パーソナルコンピューター(Personal Computer)の略で、個人で使うことを目的として作られたコンピューターのことです。Personal Computerの頭文字をとり、**「PC」**とも呼ばれます。

パソコンを使うと、インターネットでニュースや天気予報、趣味に関することの最新情報を調べたり、時間や居住地などを気にせず友人とメールをやり取りしたりできます。また、案内状やはがきなどの文書や、家計簿や見積書などの表を作成することもできます。

パソコンは、趣味や仕事などあらゆる面で利用できるため、現代人に必須のものとなっています。

2 パソコンの種類

パソコンの種類には、大きく分けて**「デスクトップ型」**と**「ノート型」**の2つがあります。

●デスクトップ型

デスクトップ型のパソコンは、本体やディスプレイ、キーボードなどが別になっていることが多く、それらの機器を机の上などの安定した場所に設置して使います。デスクトップ型には、本体が薄く場所をとらないものや、ディスプレイと本体が一体化されたものがあります。

●ノート型

ディスプレイと本体、キーボードなどが一体化しており、2つに折りたためます。デスクトップ型に比べて小型なので持ち運びに便利です。

POINT ▶▶▶

タブレット

「タブレット」とは、画面を指で触ることで操作できる、平らな形をした装置のことです。小型であることから、持ち運びに適しています。現在では、タブレットを利用してインターネットやメール、ゲームを楽しむ人が増えています。
スマートフォンもタブレットの一種です。

3 基本的な機器

パソコンは、ディスプレイや本体、キーボード、マウスなど、さまざまな装置で構成されています。

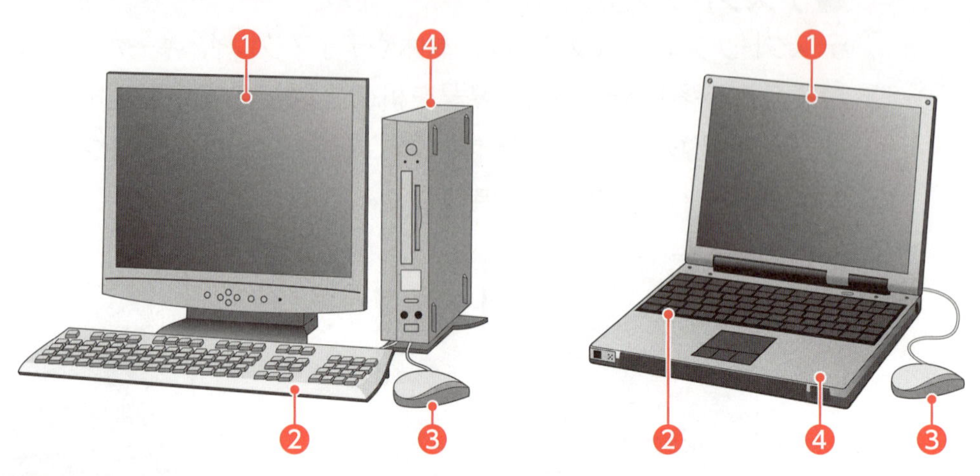

❶ディスプレイ

自分の行っている操作の内容やパソコンの状態が文字や絵で表示されます。パソコンの状態を確認するのに必要なものです。

❷キーボード

データの入力やパソコンへの指示などを文字や数字、記号などのキーを用いて操作します。

❸マウス

パソコンへの指示を出すときに操作します。

❹本体

キーボードやマウスなどから出された指示を処理したり、入力されたデータを計算したりします。人間に例えると、頭脳にあたる部分です。

POINT ▶▶▶

周辺機器

一般的に、基本的な装置以外に本体に付け足す装置のことを「周辺機器」といいます。例えば、「プリンター」「デジタルカメラ」などが周辺機器にあたります。周辺機器を追加すると、パソコンの用途がさらに広がり、幅広く活用できます。

●プリンター

パソコンで作成した文書や表、画像などを印刷する装置です。写真や紙に描かれたイラストなどを読み取る機能が付いているものもあります。

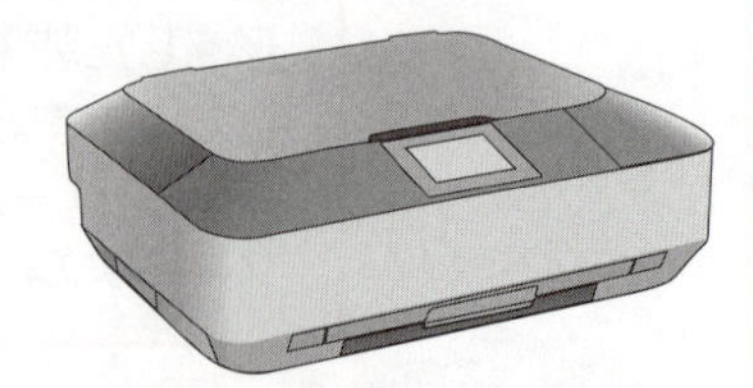

●デジタルカメラ

風景や人物などを撮影する装置です。
撮影したものは、画像データとしてパソコンに取り込むことができます。

Step2 Windowsとは？

1 Windowsとは

パソコンには、「Windows（ウィンドウズ）」というソフトウェアが入っています。パソコンの電源を入れると、このWindowsが自動的に起動します。

Windowsは、パソコン全体を管理する最も基本的で重要なソフトウェアで、「OS（オーエス）」と呼ばれるソフトウェアのひとつです。OSの仕事を具体的にいうと、パソコン本体に接続されているキーボードやディスプレイ、プリンターなどの周辺機器をコントロールし、キーボードからの入力を処理する、ディスプレイに表示する、プリンターで印刷するといったパソコンを動かすための基本的な働きをしています。

OSとは、「Operating System（オペレーティング システム）」の略で**「基本ソフト」**ともいいます。

POINT ▶▶▶

ハードウェアとソフトウェア

パソコン本体、キーボード、ディスプレイ、プリンターなどの各装置のことを「ハードウェア（ハード）」といいます。また、OSやアプリなどのパソコンを動かすためのプログラムのことを「ソフトウェア（ソフト）」といいます。

2 常に変わり続けるWindows

Windowsは、時代とともにバージョンアップされ、**「Windows 7」「Windows 8」「Windows 8.1」**のような製品が提供されています。2015年7月には、**「Windows 10」**が登場しました。

このWindows 10は、インターネットに接続されている環境では、自動的に更新されるしくみになっており、常に機能改善が行われます。このしくみを**「Windows Update」**（ウィンドウズ アップデート）といいます。

※本書は、2018年5月現在のWindows 10（ビルド17134.1）に基づいて解説しています。Windows Updateによって機能が更新された場合には、本書の記載の通りに操作できなくなる可能性があります。あらかじめご了承ください。

3 Windowsでできること

Windowsには、どのような機能があるのかを確認しましょう。

●ハードウェアの管理

キーボード、マウス、ディスプレイ、プリンターなどの周辺機器がパソコン本体に接続されていることを認識し、使えるように設定する機能が備わっています。キーボードから入力した文字をディスプレイに表示したり、ディスプレイに表示されている内容をプリンターで印刷したりできます。

●ファイルの管理

アプリで作成したファイルを管理するための機能が備わっています。ファイルを移動したりコピーしたり、フォルダーごとに分類したりできます。

●パソコンの安全対策

コンピューターウイルスや不正アクセスなどの危険からパソコンを守るための安全対策の機能が備わっています。外部からの侵入を監視したり、パソコン起動時のパスワードを設定したりして、パソコンの安全性を高めることができます。

●豊富な付属アプリ

OSとしての機能以外に、ホームページを見るアプリ、イラストを作成するアプリ、音楽を再生するアプリなど、多数のアプリが付属しています。専用のアプリを用意しなくても、パソコンでいろいろな作業をすることができます。

4 アプリとは

「アプリ」とは、パソコンを目的に合わせて使うためのもので、**「応用ソフト」**ともいいます。さまざまな役割を持ったアプリがあり、パソコンで何かをするときには、その目的に合ったアプリを使います。たとえば、インターネットでニュースを見るときには、“ホームページを見る”ためのアプリを使います。
アプリには、次のようなものがあります。

用途	代表的なアプリ
インターネットでさまざまな情報を見る。	Microsoft Edge（マイクロソフト エッジ）
メールを送受信する。	Mail（メール）
文書を作成する。	Word（ワード）、ワードパッド
表やグラフを作成する。	Excel（エクセル）
イラストを描く。	ペイント
デジタルカメラやスマートフォンで撮影した写真を表示・加工する。	フォト
ウイルス対策・スパイウェア対策を行う。	Windows Defender（ウィンドウズ ディフェンダー）

Step3 マウスとタッチの使い方を覚えよう

1 マウスの基本操作

パソコンは、主に**「マウス」**を使って操作します。マウスは、左ボタンに人さし指を、右ボタンに中指をのせて軽く握ります。机の上などの平らな場所でマウスを動かすと、画面上の（マウスポインター）が動きます。
マウスの基本的な操作方法を確認しましょう。

●ポイント

マウスポインターを操作したい場所に合わせます。

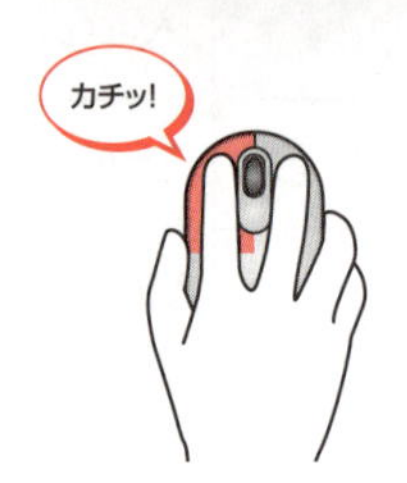

●クリック

マウスの左ボタンを1回押します。

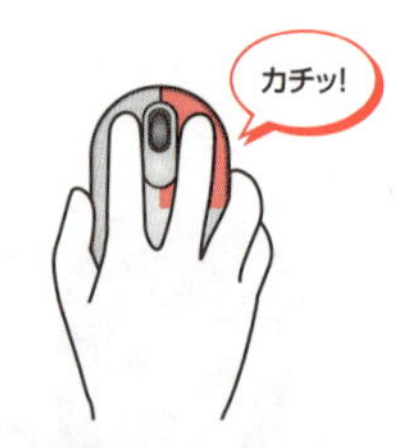

●右クリック

マウスの右ボタンを1回押します。

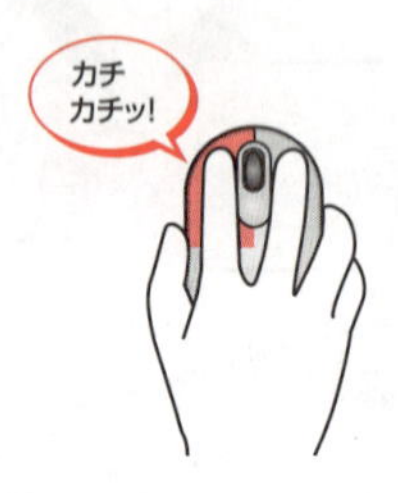

●ダブルクリック

マウスの左ボタンを続けて2回押します。

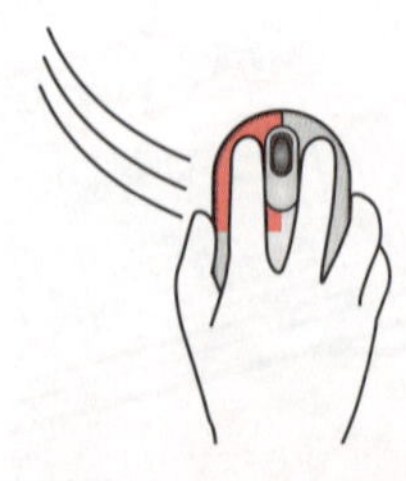

●ドラッグ

マウスの左ボタンを押したまま、マウスを動かします。

POINT ▶▶▶

マウスを動かすコツ

マウスを上手に動かすコツは、次のとおりです。

●マウスをディスプレイに対して垂直に置きます。

●マウスが机から出てしまったり物にぶつかったりして、動かせなくなった場合には、いったんマウスを持ち上げて動かせる場所に戻します。マウスを持ち上げている間、画面上のマウスポインターは動きません。

2 タッチの基本操作

パソコンに接続されているディスプレイがタッチ機能に対応している場合には、マウスの代わりに**「タッチ」**で操作することも可能です。画面に表示されているアイコンや文字に直接、触れるだけでよいので、すぐに慣れて使いこなせるようになります。
タッチの基本的な操作方法を確認しましょう。

●タップ
画面の項目を軽く押します。項目の選択や決定に使います。

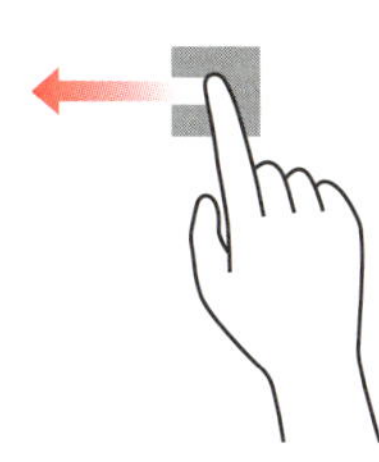

●ドラッグ
画面の項目に指を触れたまま、目的の方向に長く動かします。項目の移動などに使います。

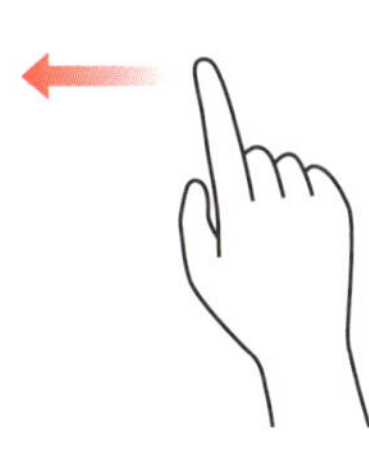

●スライド
指を目的の方向に払うように動かします。画面のスクロールなどに使います。

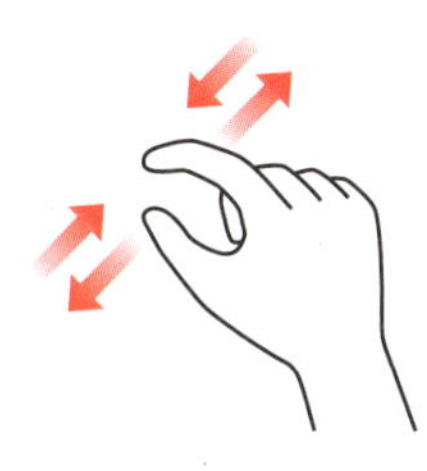

●ズーム
2本の指を使って、指と指の間を広げたり、狭めたりします。画面の拡大・縮小などに使います。

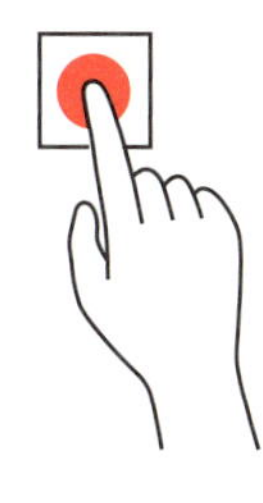

●長押し
画面の項目に指を触れ、枠が表示されるまで長めに押したままにします。マウスの右クリックに相当する操作で、ショートカットメニューの表示などに使います。

Step4 Windowsを起動しよう

1 Windowsの起動

パソコンを使って作業を開始できる状態にすることを**「起動」**といい、**「パソコンを起動する」「Windowsを起動する」**のような言い方をします。
パソコンの電源を入れて、Windowsを起動しましょう。

①パソコン本体の電源ボタンを押して、パソコンに電源を入れます。

ロック画面が表示されます。
※パソコン起動時のパスワードを設定していない場合、表示されません。

② クリックします。
※ は、マウス操作を表します。

画面を下端から上端にスライドします。
※ は、タッチ操作を表します。

パスワード入力画面が表示されます。

※パソコン起動時のパスワードを設定していない場合、表示されません。

③自分のユーザー名が表示されていることを確認します。

④パスワードを入力します。

※入力したパスワードは「●」で表示されます。

※ を押している間、入力したパスワードが表示されます。

⑤ → をクリックします。

 → をタップします。

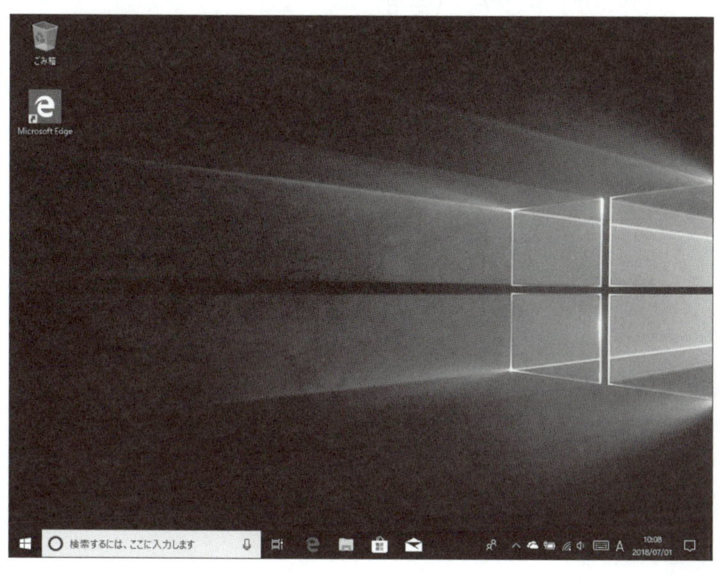

Windowsが起動し、デスクトップが表示されます。

Step5 デスクトップを確認しよう

1 デスクトップの確認

Windowsを起動すると表示される画面を**「デスクトップ」**といいます。デスクトップは、言葉どおり**「机の上」**を表し、よく使う道具や作業中のデータを置いておく場所です。
机の上で書類の整理をしたり、写真を見たり、書き物をしたりなどいろいろな作業をするのと同様、パソコンでもメモ帳や電卓といったパソコンの中にある道具（アプリ）を使うときは、デスクトップ上で操作します。パソコンの中に入っているファイルを整理するときもデスクトップ上で行います。
パソコン操作の基本となるデスクトップを確認しましょう。

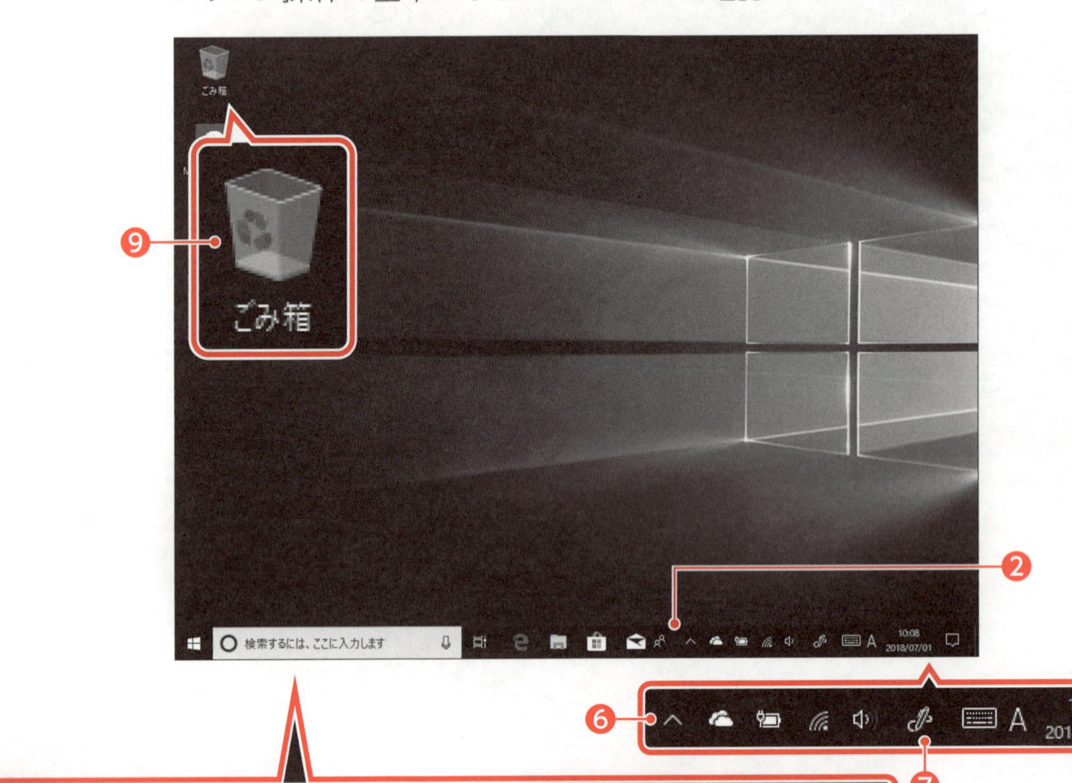

❶ （スタート）
クリックまたはタップすると、スタートメニューが表示されます。

❷タスクバー
作業中のアプリがアイコンで表示される領域です。机の上（デスクトップ）で行っている仕事（タスク）を確認できます。

❸検索ボックス
インターネット検索、ヘルプ検索、ファイル検索などを行うときに使います。この領域に調べたい内容のキーワードを入力したり、マイクを使って質問を話しかけたりすると、答えが表示されます。

❹ （タスクビュー）

複数のアプリを同時に起動している場合に、作業対象のアプリを切り替えます。

※ をポイントすると、に変わります。

❺タスクバーにピン留めされたアプリ

タスクバーに登録されているアプリを表します。頻繁に使うアプリは、この領域に登録しておくと、アイコンをクリックまたはタップするだけですぐに起動できるようになります。初期の設定では、（Microsoft Edge）、（エクスプローラー）、（Microsoft Store）、（Mail）が登録されています。

❻通知領域

インターネットの接続状況やスピーカーの設定状況などを表すアイコンや、現在の日付と時刻などが表示されます。また、Windowsからユーザーにお知らせがある場合、この領域に通知メッセージが表示されます。

❼ （Windows Ink ワークスペース）

クリックまたはタップすると、Windows Ink ワークスペースが表示されます。メモが書ける**「付箋」**、絵が描ける**「スケッチパッド」**、現在表示されている画面をそのまま取り込んで、それに手書きできる**「画面スケッチ」**など、ペンを使うと便利な機能がまとめられています。

※ が表示されていない場合は、タスクバーを右クリックし、ショートカットメニューから《Windows Ink ワークスペースボタンを表示》を選択します。

❽ （通知）

クリックまたはタップすると、アクションセンターが表示され、通知メッセージの詳細を確認できます。

❾ ごみ箱

不要になったファイルやフォルダーを一時的に保管する場所です。ごみ箱から削除すると、パソコンから完全に削除されます。

STEP UP

アクションセンター

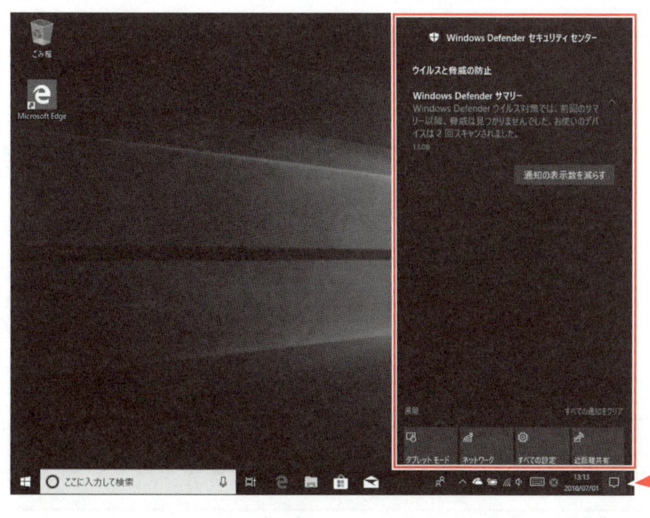

「アクションセンター」は、通知領域の（通知）を選択すると表示されます。アクションセンターでは通知メッセージを確認するだけでなく、パソコンの設定を変更したり、タブレットモードや機内モードに切り替えたりすることもできます。

Step6 スタートメニューを確認しよう

1 スタートメニューの表示

Windowsで作業を始めるには、まず ⊞（スタート）を使います。⊞（スタート）をクリックまたはタップすると、**「スタートメニュー」**が表示されるので、ここから目的に応じてアプリを選択します。
デスクトップの ⊞（スタート）を選択して、スタートメニューを表示しましょう。

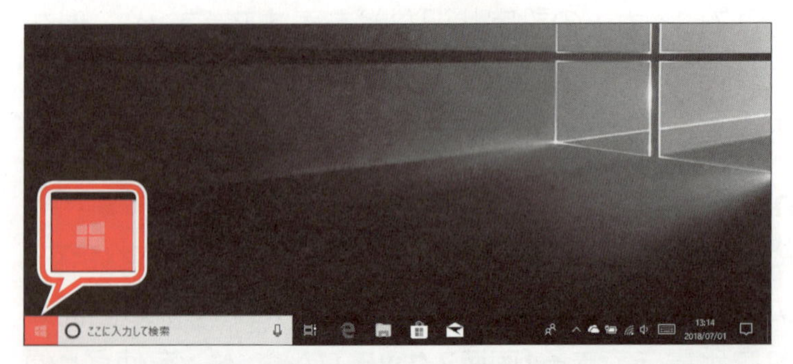

① ⊞（スタート）をクリックします。
⊞（スタート）をタップします。

スタートメニューが表示されます。

POINT ▶▶▶

アイコン

アプリやファイルなどを表す絵文字のことを「アイコン」といいます。アイコンは見た目にわかりやすくデザインされています。

POINT ▶▶▶

スタートメニューの解除

表示したスタートメニューを解除するには、スタートメニュー以外の場所をクリックまたはタップします。Esc を押して、表示を解除することもできます。

2 スタートメニューの確認

スタートメニューを確認しましょう。

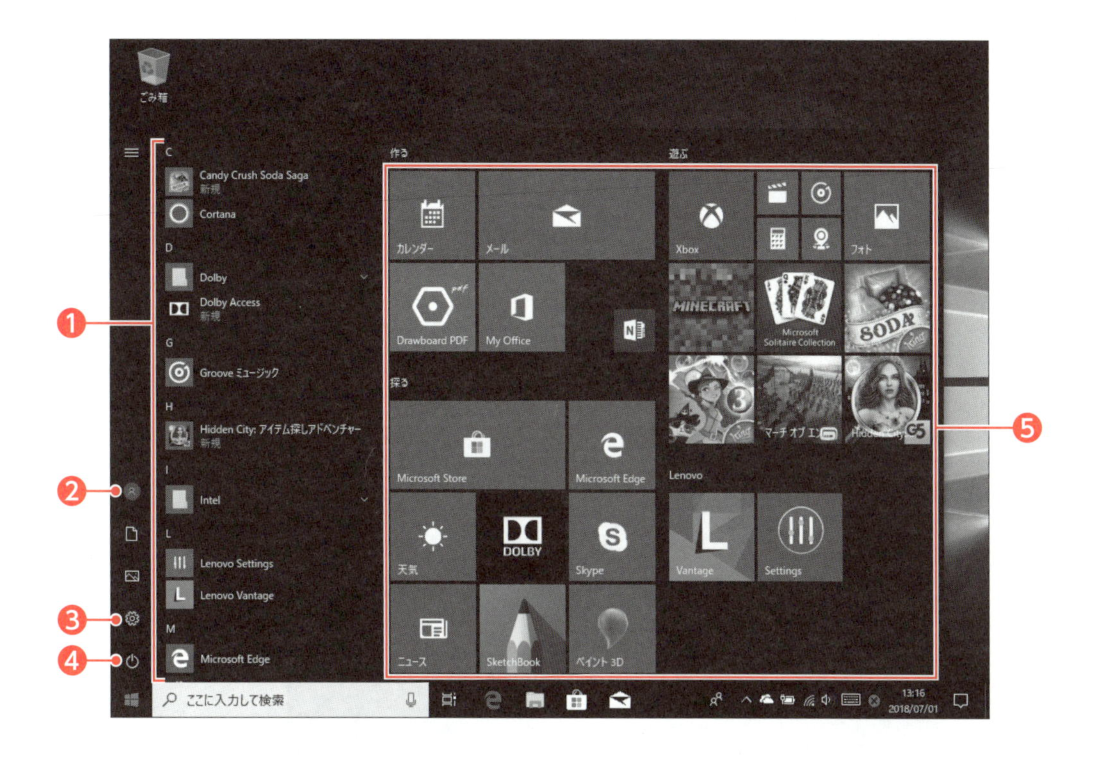

❶すべてのアプリ

パソコンに搭載されているアプリの一覧を表示します。

アプリは上から**「数字や記号」「アルファベット」「ひらがな」**の順番に並んでいます。

❷ （ユーザー名）

ポイントすると、現在作業しているユーザーの名前が表示されます。

❸ （設定）

パソコンの設定を行うときに使います。

❹ （電源）

Windowsを終了してパソコンの電源を切ったり、Windowsを再起動したりするときに使います。

❺スタートメニューにピン留めされたアプリ

スタートメニューに登録されているアプリを表します。頻繁に使うアプリは、この領域に登録しておくと、アイコンをクリックまたはタップするだけですばやく起動できるようになります。

Step7 ユーザーアカウントを確認しよう

1 サインインとは

Windowsは、パソコンを操作するユーザーを認識した上で動作しています。そのため、誰が操作しているかがとても重要です。パソコンを起動するときに、ユーザー名を確認し、パスワードを入力しましたが、これによってユーザーが認識されているのです。

ユーザーを認証してWindowsの利用を開始することを**「サインイン」**または**「ログイン」**といいます。

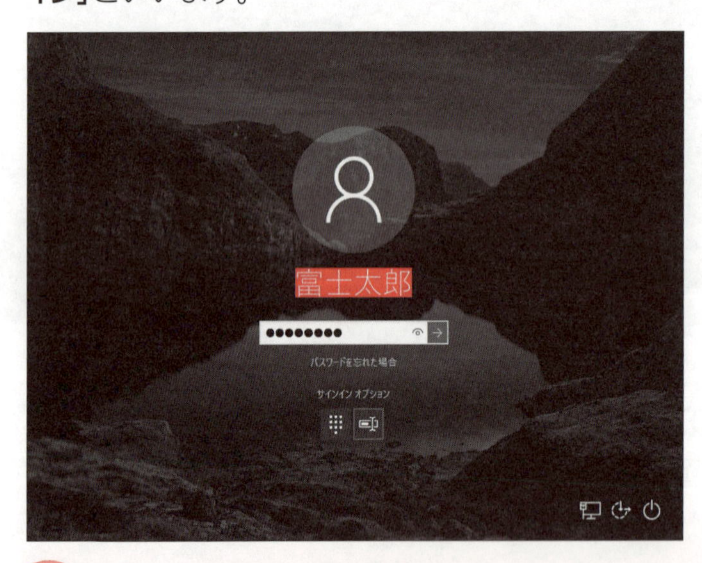

> **POINT ▶▶▶**
>
> **サインアウト**
>
> Windowsの利用を終了することを「サインアウト」または「ログアウト」といいます。
> パソコンの電源を切ると、自動的にサインアウトされます。

2 ユーザーアカウントとは

「ユーザーアカウント」とは、パソコンがユーザーを識別する情報のことです。

Windowsには、**「ローカルアカウント」**と**「Microsoft（マイクロソフト）アカウント」**という2種類のユーザーアカウントが用意されています。

●ローカルアカウント

登録を行ったパソコンだけで利用するユーザーアカウントです。

●Microsoftアカウント

Windowsの一部のアプリや、マイクロソフト社がインターネット上で提供する各種サービスを利用する場合に必要となるユーザーアカウントです。

Microsoftアカウントは、ふだん使っているメールアドレスをユーザー名として使用します。

3 ユーザーアカウントの種類の確認

現在のユーザーアカウントが、ローカルアカウントなのか、Microsoftアカウントなのか確認しましょう。

① (スタート)をクリックします。
(スタート)をタップします。

② (設定)をクリックします。
(設定)をタップします。

《設定》が表示されます。

③ 《アカウント》をクリックします。
《アカウント》をタップします。

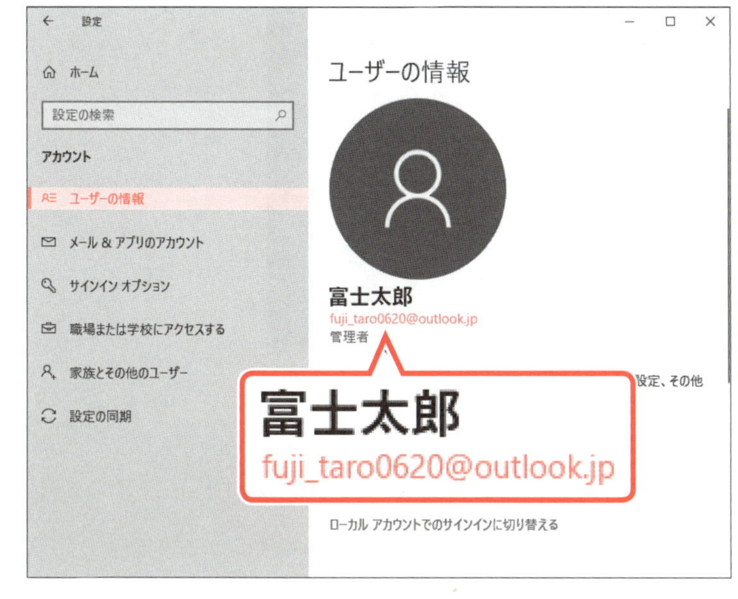

《アカウント》が表示されます。

④左側の一覧から《**ユーザーの情報**》を選択します。

⑤ユーザー名の下の表示を確認します。

※ローカルアカウントの場合は《ローカルアカウント》、Microsoftアカウントの場合は登録したメールアドレスが表示されます。

※本書は、Microsoftアカウントでサインインしている環境を前提に解説しています。ローカルアカウントでサインインしている環境では、操作方法が異なる場合があります。

※ × をクリックし、《設定》を閉じておきましょう。

Microsoftアカウントの登録

Windowsの機能やサービスには、Microsoftアカウントでサインインしていないと利用できないものがあります。ローカルアカウントでサインインしている場合にそれらの機能やサービスを利用しようとすると、その都度、Microsoftアカウントの入力を求められます。
Microsoftアカウントを登録していない場合は、あらかじめ自分のメールアドレスをMicrosoftアカウントとして登録しましょう。
Microsoftアカウントを登録する方法は、次のとおりです。

① （スタート）を選択
② （設定）を選択
③《アカウント》を選択
④ 左側の一覧から《家族とその他のユーザー》を選択
⑤《その他のユーザーをこのPCに追加》を選択
⑥《このユーザーはどのようにサインインしますか？》の《メールアドレスまたは電話番号》にメールアドレスを入力
⑦《次へ》を選択
⑧《完了》を選択
※Microsoftアカウントに登録するメールアドレスによっては、《お客様のIDの確認にご協力ください》という画面が表示される場合があります。この画面が表示された場合には、SMS（ショートメール）が受信できる携帯電話やスマートフォンの《電話番号》を入力して、《コードの送信》を選択します。携帯電話やスマートフォンにコードが届くので、その番号を《アクセスコードを入力してください》に入力して、《次へ》を選択します。

Windows起動時のユーザーアカウントの選択

複数のユーザーアカウントを登録すると、Windows起動時に、登録されているユーザーアカウントが一覧で表示されます。一覧からサインインするユーザーアカウントを選択します。

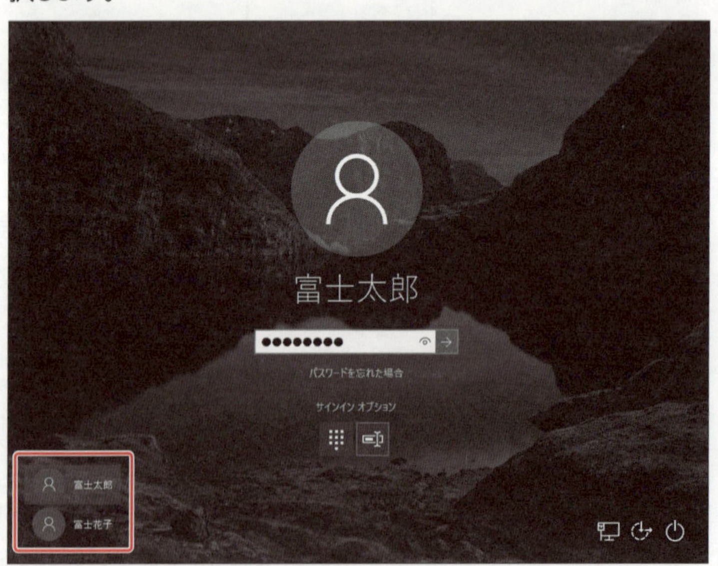

Step8 パソコンの電源を切ろう

1 スリープとシャットダウン

パソコンで作業を開始することを**「起動」**というのに対して、作業を終えることは**「終了」**といいます。

Windowsには、**「スリープ」**と**「シャットダウン」**という終了方法があります。スリープとシャットダウンには、次のような違いがあります。

●スリープ

「スリープ」で終了すると、パソコンが省電力状態になります。スリープ状態になる直前の作業状態が保存されるため、アプリが起動中でもかまいません。

スリープ状態を解除すると、保存されていた作業状態に戻るので、作業をすぐに再開できます。パソコンがスリープの間、微量の電力が消費されます。

●シャットダウン

「シャットダウン」で終了すると、パソコンの電源が完全に切れます。電源が切れると作業状態が失われるため、保存しておきたいデータは保存してからシャットダウンします。

次にパソコンを使うときには、パソコンに電源を入れ、Windowsを始めから起動するため、作業再開までに時間がかかります。

2 スリープでパソコンを終了する

パソコンをスリープ状態にしましょう。

※お使いのパソコンによって、スリープで終了できない場合があります。

①（マウス）（スタート）をクリックします。
（タッチ）（スタート）をタップします。

②（マウス）（電源）をクリックします。
（タッチ）（電源）をタップします。

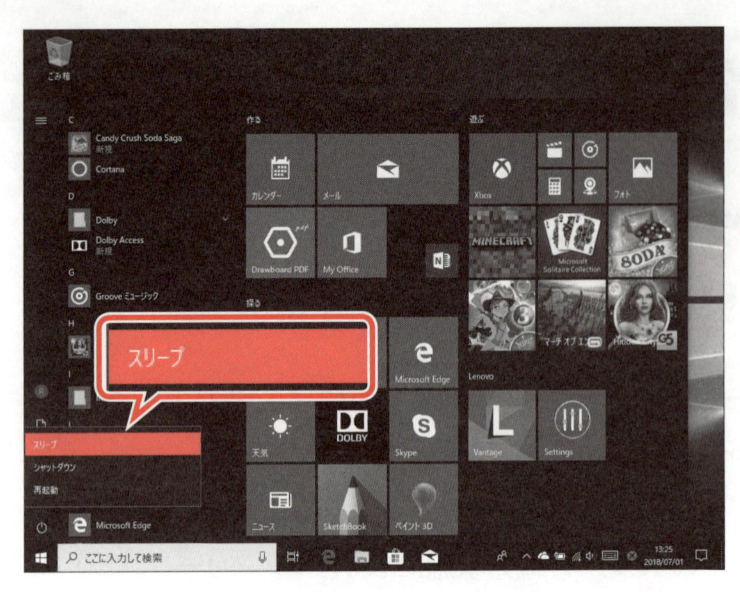

③ 《スリープ》をクリックします。
《スリープ》をタップします。
パソコンがスリープ状態になります。

STEP UP

自動的にスリープ状態になる場合

パソコンの設定によっては、一定時間操作しないと自動的にスリープ状態になることがあります。また、ノートパソコンの場合、ディスプレイを閉じるとスリープ状態になることもあります。

3 スリープ状態の解除

次のような操作を行うと、スリープ状態を解除できます。

- **パソコン本体の電源ボタンを押す**
- **キーボードのキーを押す**
- **マウスを動かす**

※お使いのパソコンによって、操作方法が異なる場合があります。
スリープ状態を解除し、作業を再開しましょう。

①パソコン本体の電源ボタンを押します。
※電源ボタンを長く押し続けると、パソコンの電源が切れてしまうので注意しましょう。

スリープ状態が解除され、ロック画面が表示されます。

②クリックします。

画面を下端から上端にスライドします。

パスワード入力画面が表示されます。

③パスワードを入力します。

④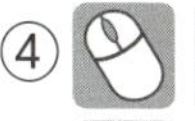をクリックします。

→をタップします。

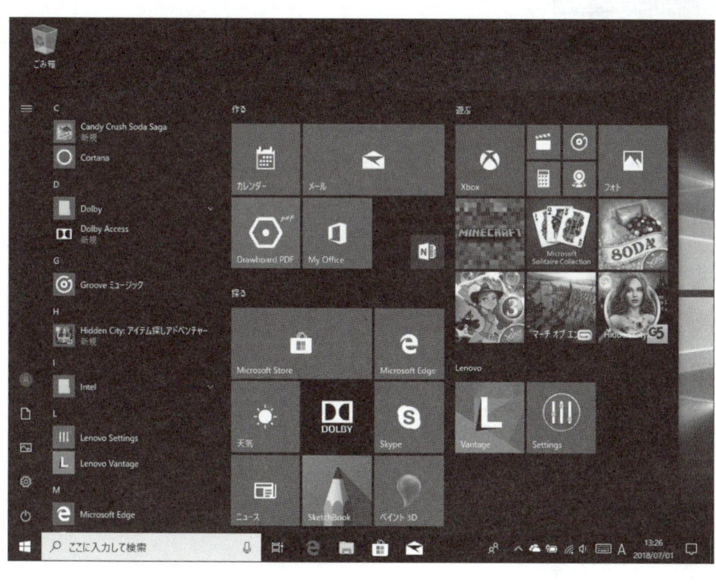

デスクトップが表示され、作業が再開できる状態になります。

※スタートメニューが表示されている場合は、非表示にしておきましょう。

4 シャットダウンでパソコンを終了する

シャットダウンでパソコンの電源を完全に切断しましょう。

① （スタート）をクリックします。
（スタート）をタップします。

② （電源）をクリックします。
（電源）をタップします。

③ **《シャットダウン》**をクリックします。
《シャットダウン》をタップします。

Windowsが終了し、パソコンの電源が切断されます。

POINT ▶▶▶

再起動

「再起動」とは、パソコンをいったん終了し、パソコンを起動しなおすことです。システムの設定を変更したときや、新しいアプリをインストールしたときなどは、パソコンの再起動が必要な場合があります。
再起動する方法は、次のとおりです。

◆ （スタート）→ （電源）→《再起動》

よくわかる

第2章

Chapter 2

ウィンドウを操作してみよう

Step 1 アプリを起動しよう

1 ペイントの起動

Windowsには、あらかじめ便利なアプリが用意されています。
ここでは、たくさんのアプリの中から**「ペイント」**を使って、ウィンドウがどういうものなのかを確認しましょう。ペイントは、図形やイラストを作成できる簡易画像編集ソフトで、Windowsに標準で搭載されています。
ペイントを起動しましょう。

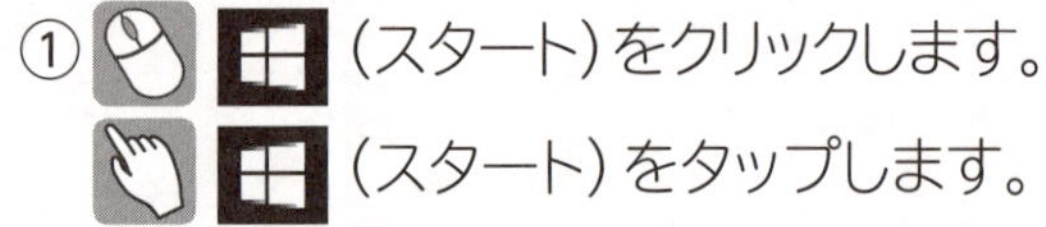

① (スタート)をクリックします。
(スタート)をタップします。

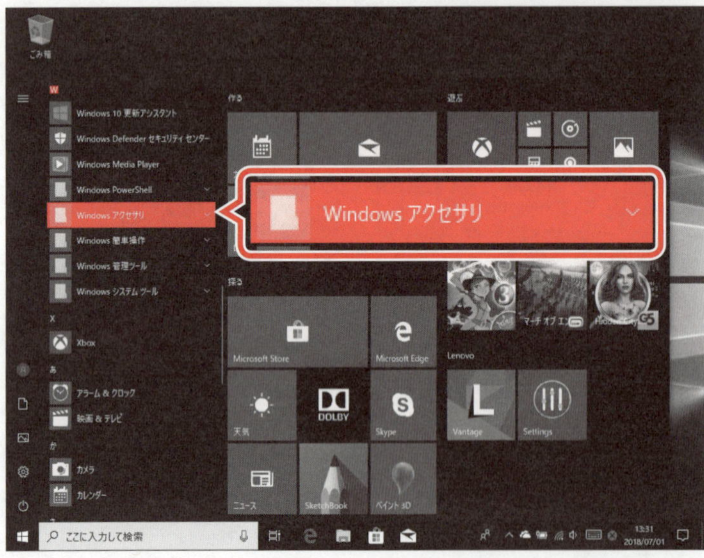

スタートメニューが表示されます。

② スクロールバー内のボックスをドラッグして**《W》**を表示し、**《Windowsアクセサリ》**をクリックします。

アプリの一覧表示をスライドして**《W》**を表示し、**《Windowsアクセサリ》**をタップします。

※スクロールバーが表示されていない場合は、スタートメニュー内をポイントします。

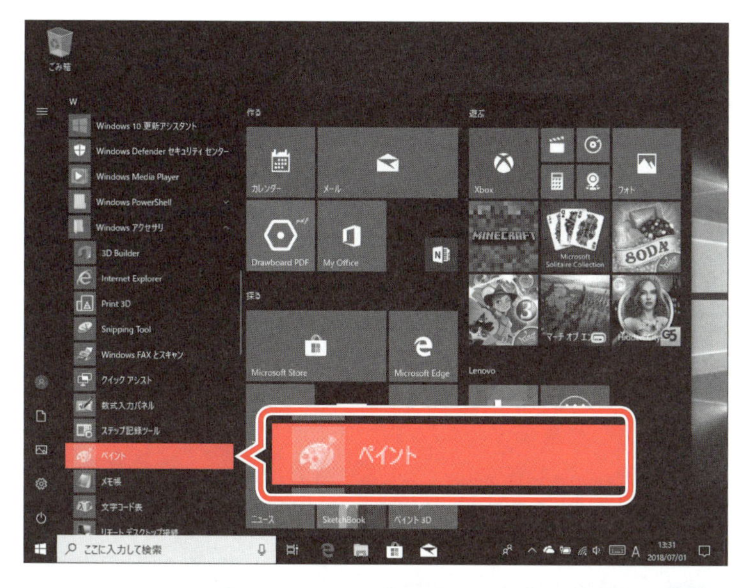

《Windowsアクセサリ》の一覧が表示されます。

③  《ペイント》をクリックします。

《ペイント》をタップします。

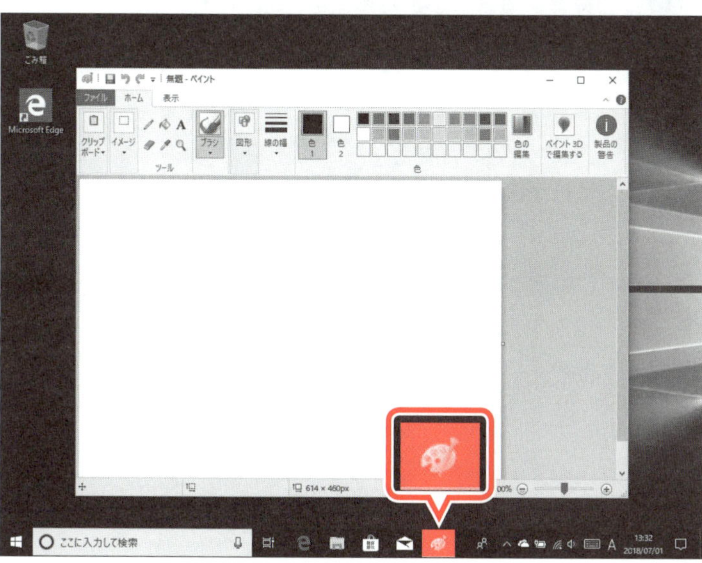

ペイントが起動します。
タスクバーにペイントのアイコンが表示されます。

スタートメニューにピン留めする

頻繁に使うアプリは、スタートメニューにピン留めして登録しておくことができます。スタートメニューにピン留めしておくと、アイコンをクリックまたはタップするだけですばやく起動できるようになります。
スタートメニューにピン留めする方法は、次のとおりです。

◆ (スタート)→ピン留めするアプリを右クリック→《スタートにピン留めする》

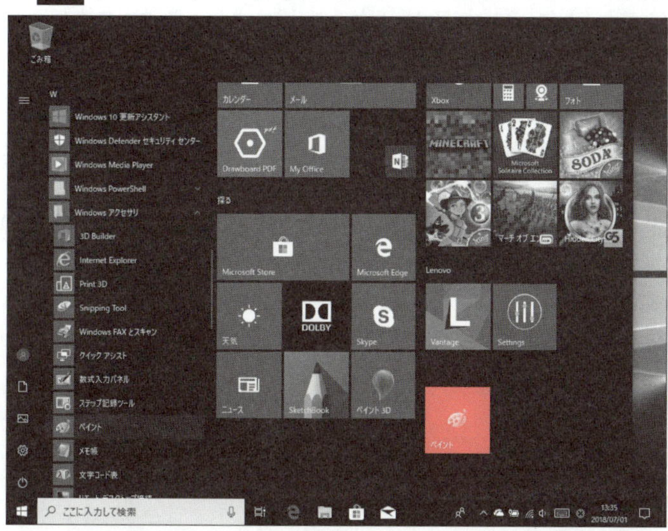

Step2 アプリを操作しよう

1 ウィンドウの確認

起動したペイントは、デスクトップの上で動作します。このアプリの作業領域を**「ウィンドウ」**といいます。
ペイントを例に、ウィンドウを操作するボタンを確認しましょう。

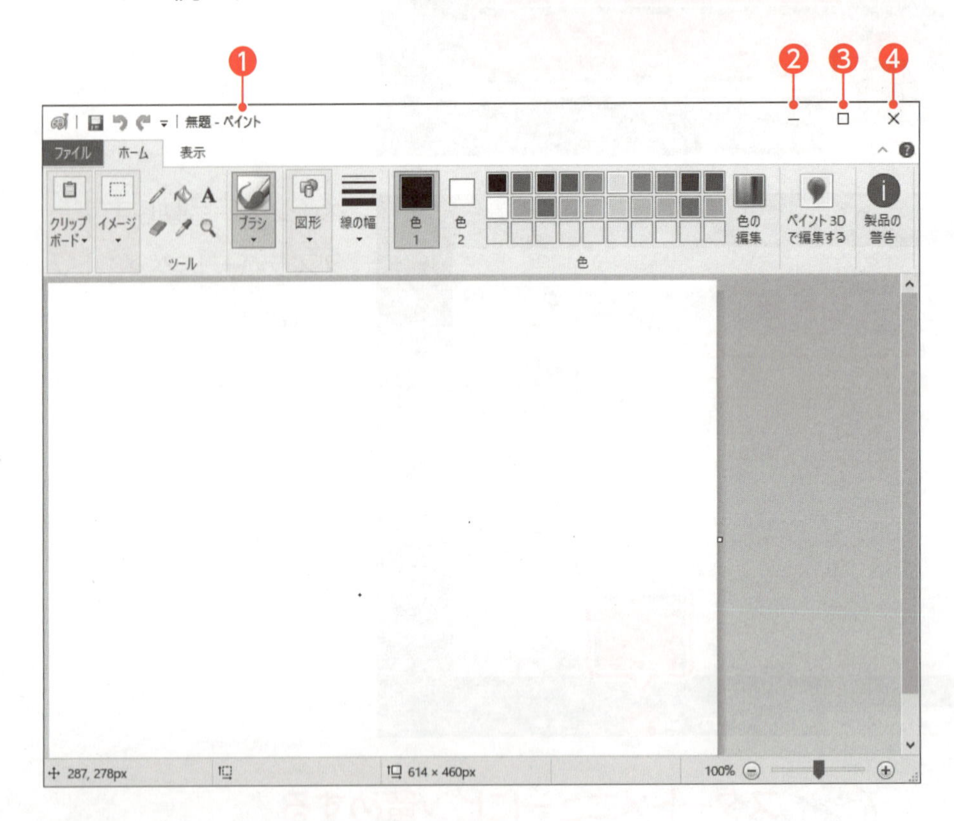

❶タイトルバー

アプリやファイルの名前が表示されます。

❷ [–]

クリックまたはタップすると、ウィンドウが一時的に非表示になります。

❸ [□]

クリックまたはタップすると、ウィンドウが画面全体に表示されます。

※ウィンドウを最大化すると、[□]は[🗗]に変わります。
　[🗗]は、最大化したウィンドウをもとのサイズに戻すときに使います。

❹ [×]

クリックまたはタップすると、ウィンドウが閉じられ、アプリが終了します。

2 ウィンドウの最大化

ウィンドウを画面全体に大きく表示することを**「最大化」**といいます。ウィンドウが小さくて操作しにくいときには、ウィンドウを画面全体に最大化すると見やすくなります。ペイントのウィンドウを最大化して、画面全体に大きく表示しましょう。

① □ をクリックします。
□ をタップします。

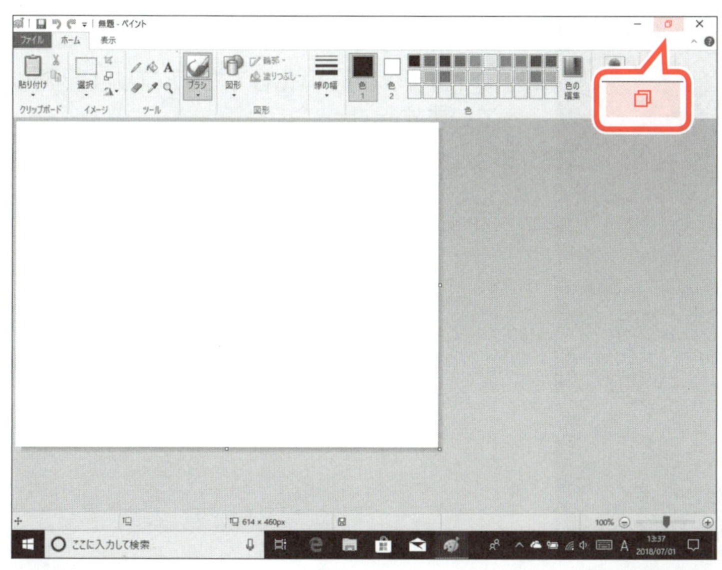

ウィンドウが画面全体に表示されます。
※ □ が 🗗 に変わります。
ウィンドウをもとのサイズに戻します。

②  🗗 をクリックします。
🗗 をタップします。

ウィンドウがもとのサイズで表示されます。
※ 🗗 が □ に変わります。

3 ウィンドウの最小化

アプリを起動したまま、ウィンドウを一時的に非表示にすることを**「最小化」**といいます。
ペイントのウィンドウを最小化して、一時的に非表示にしましょう。

①（マウス）［－］をクリックします。
（タッチ）［－］をタップします。

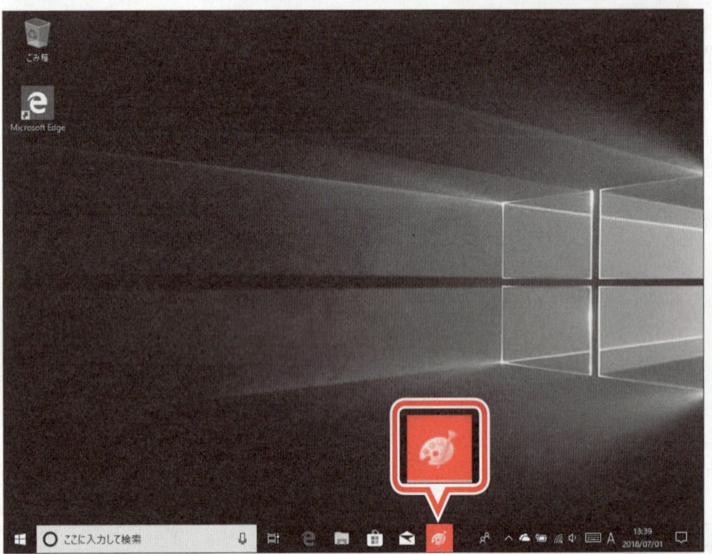

ウィンドウが最小化されます。
※ウィンドウを最小化しても、アプリは起動しています。
②タスクバーにペイントのアイコンが表示されていることを確認します。

ウィンドウを再表示します。
③（マウス）タスクバーのペイントのアイコンをクリックします。
（タッチ）タスクバーのペイントのアイコンをタップします。

ウィンドウが再表示されます。

4　ウィンドウの移動

ウィンドウのタイトルバーをドラッグすると、ウィンドウを移動できます。
ペイントのウィンドウを移動しましょう。

①  タイトルバーをポイントし、図のようにドラッグします。

タイトルバーに指を触れたまま、図のようにドラッグします。

ウィンドウが移動します。

※指を離した時点で、ウィンドウの位置が確定されます。

5 ウィンドウのサイズ変更

ウィンドウの境界線をポイントすると、マウスポインターの形が⇔⇕⤡⤢に変わります。
この状態のときにドラッグすると、ウィンドウのサイズを拡大したり縮小したりできます。
ペイントのウィンドウのサイズを変更しましょう。

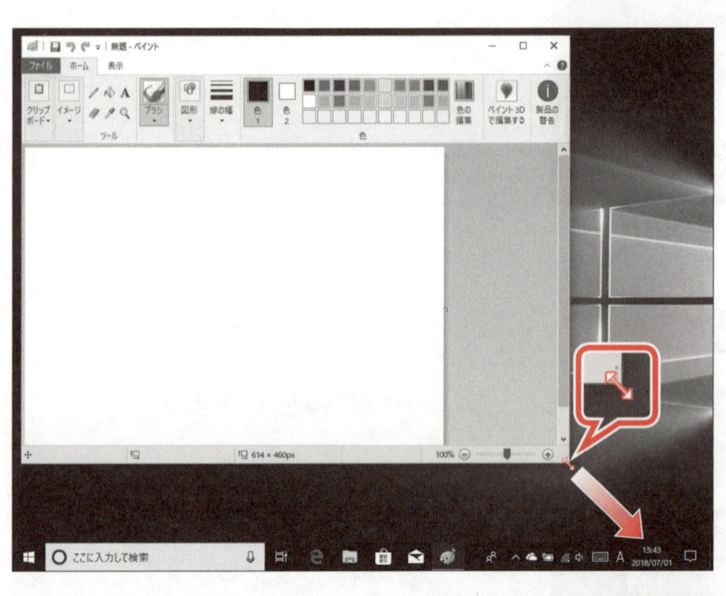

① ウィンドウの右下の境界線をポイントし、マウスポインターの形が⤡に変わったら、図のようにドラッグします。

ウィンドウの右下を図のようにドラッグします。

ウィンドウのサイズが変更されます。
※指を離した時点で、ウィンドウのサイズが確定されます。

STEP UP タイトルバーを使ったウィンドウのサイズ変更

ウィンドウのタイトルバーをドラッグすることで、ウィンドウのサイズを変更することもできます。

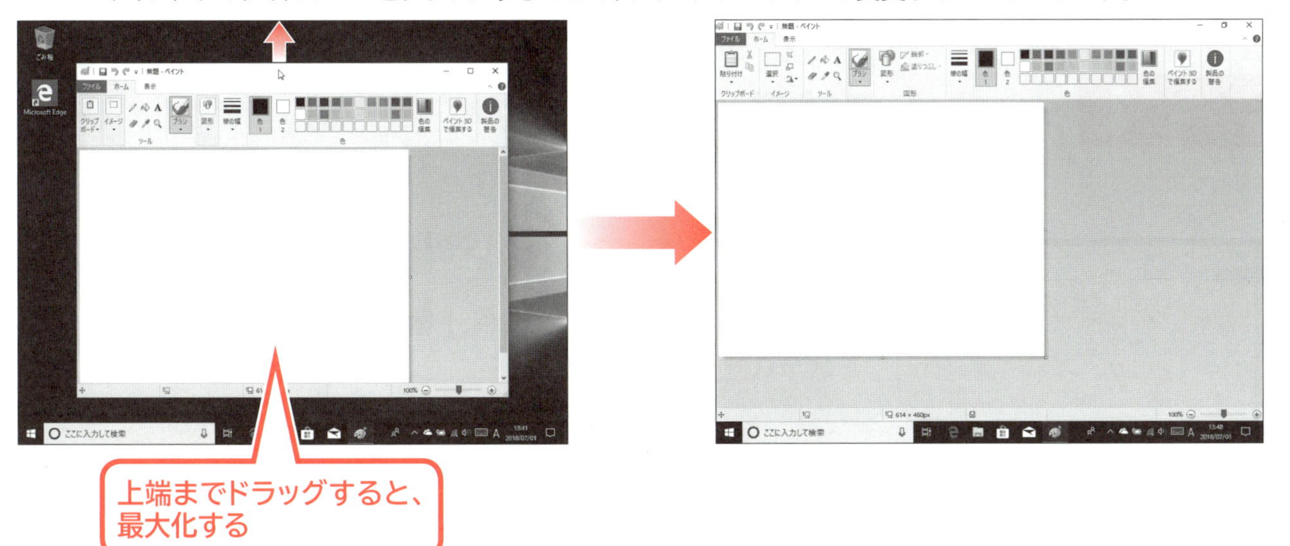

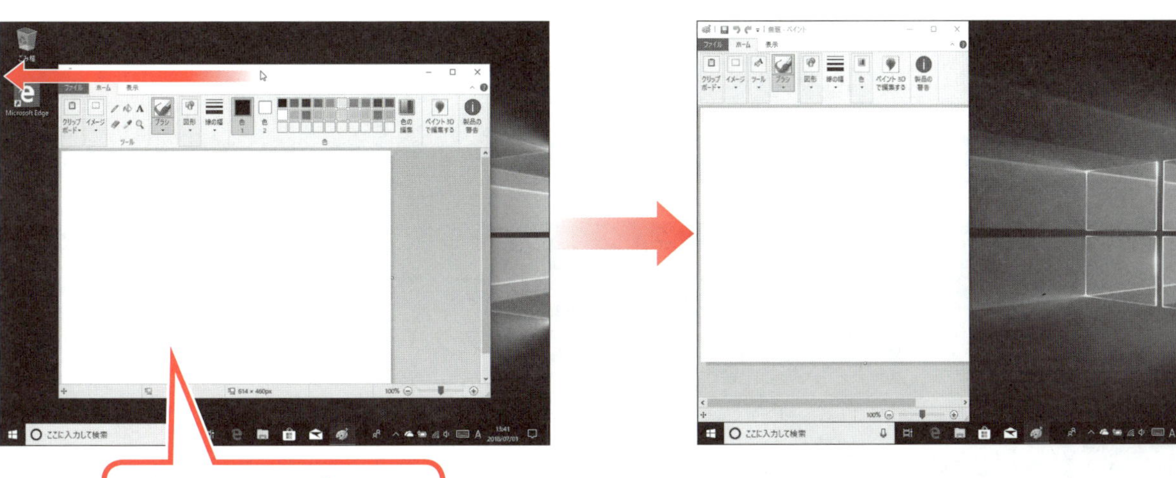

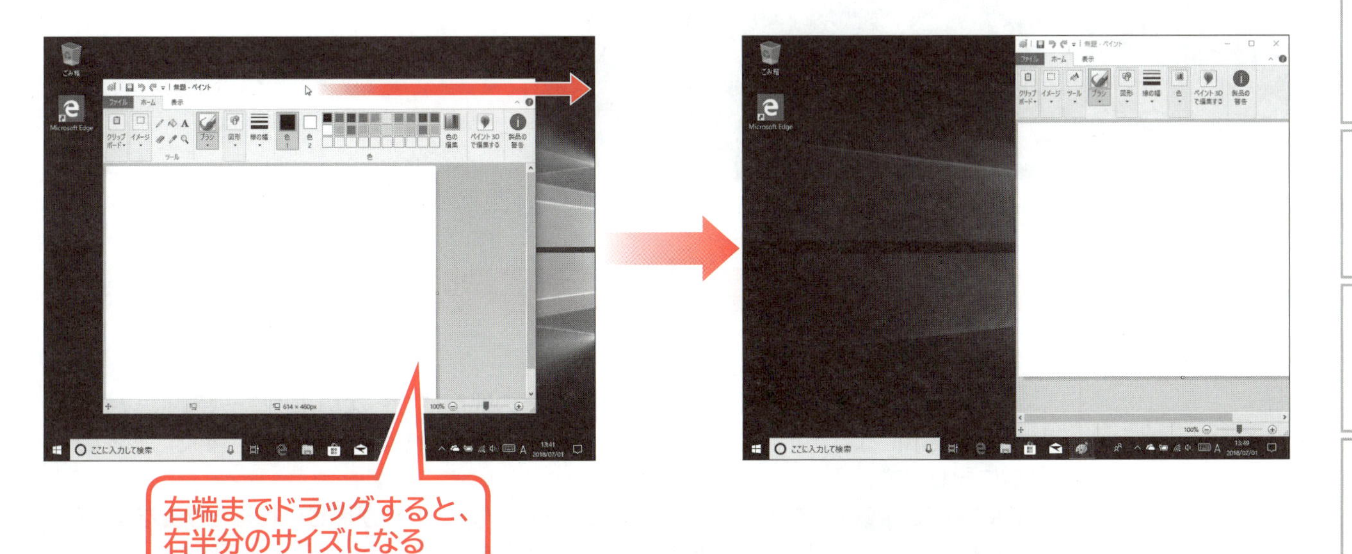

Step3 アプリを終了しよう

1 ペイントの終了

ウィンドウを閉じて、ペイントを終了しましょう。

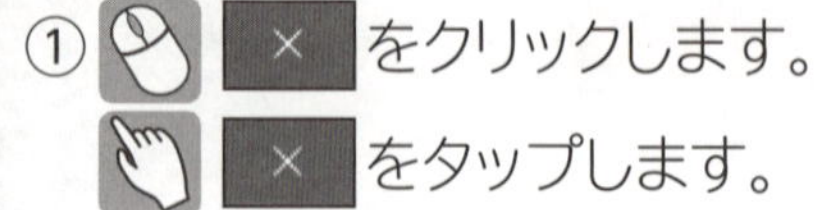

① をクリックします。
をタップします。

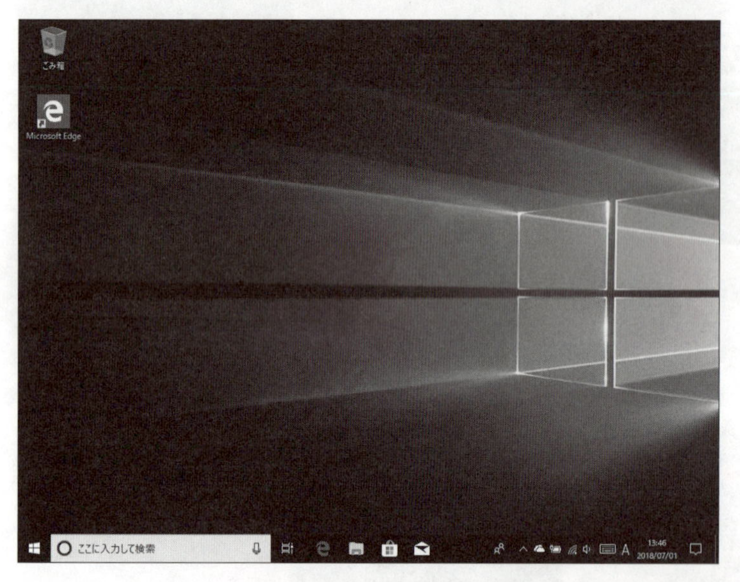

ウィンドウが閉じられ、ペイントが終了します。
タスクバーからペイントのアイコンがなくなります。

POINT ▶▶▶

－ と × の違い

－ をクリックまたはタップすると、ほかの作業の邪魔にならないように一時的にウィンドウが非表示になります。タスクバーのアイコンを選択すれば、ウィンドウをすぐにもとの状態に戻せます。
それに対して、× をクリックまたはタップすると、ウィンドウが閉じられるだけでなく、アプリも終了します。タスクバーからアイコンも消えます。
作業の一時中断は －、作業の終了は × と覚えておきましょう。

よくわかる

第3章

Chapter 3

文字入力をマスターしよう

Step 1 キーボードへの指の置き方を確認しよう

1 キーボードへの指の置き方の確認

キーボードには、**「ホームポジション」**と呼ばれる指を置く基本位置があります。小さな突起のある[F は]と[J ま]にそれぞれの人さし指を置き、あとの指は順番に横に置いていきます。

左手は、[F は]に人さし指、[D し]に中指、[S と]に薬指、[A ち]に小指を置きます。

右手は、[J ま]に人さし指、[K の]に中指、[L り]に薬指、[+ ; れ]に小指を置きます。

両手の親指は[　　　](スペース)のあたりに置いておきます。

指を置いたキー以外のキーを使う時は、ホームポジションの位置から上や下に指を動かしてキーを押します。押し終わったら指をもとの位置に戻します。

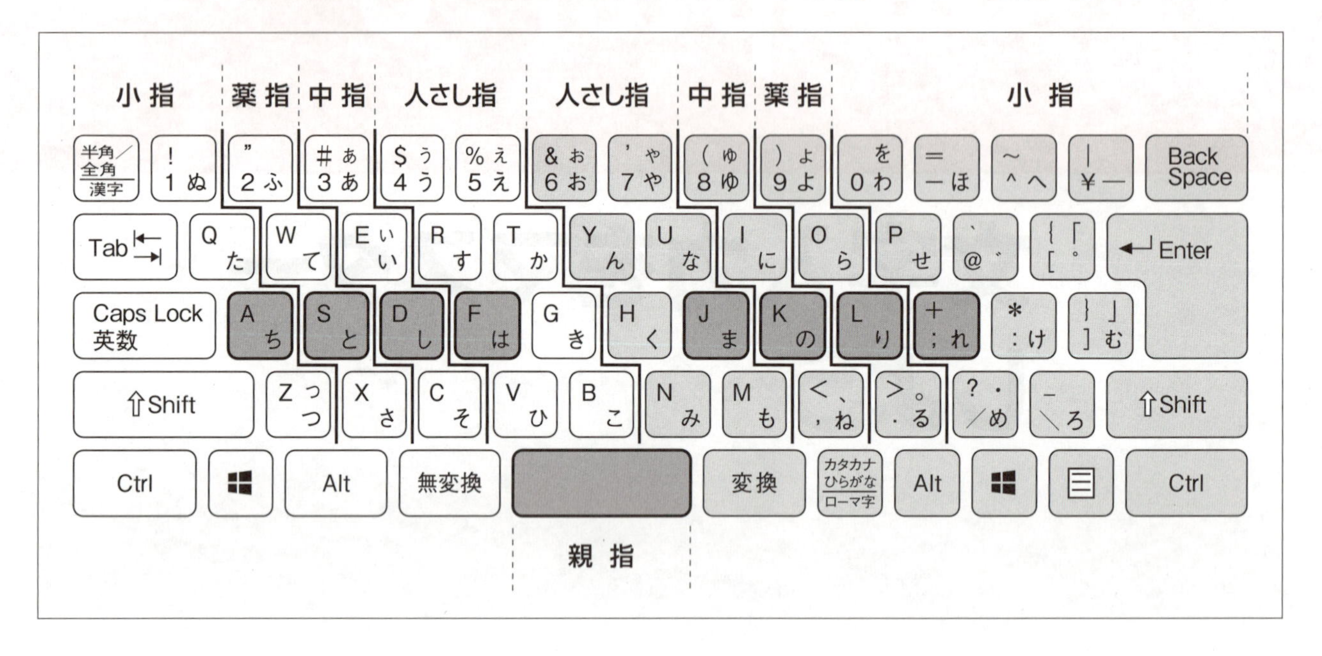

Step2 IMEを設定しよう

1 IMEとは

ひらがなやカタカナ、漢字などの日本語を入力するには、日本語を入力するための**「日本語入力システム」**というアプリが必要です。

Windowsには、日本語入力システムの**「IME（アイエムイー）」**が用意されています。IMEでは、入力方式の切り替えや入力する文字の種類の切り替えなど、日本語入力に関わるすべてを管理します。

IMEの状態は、デスクトップの通知領域内に表示されています。

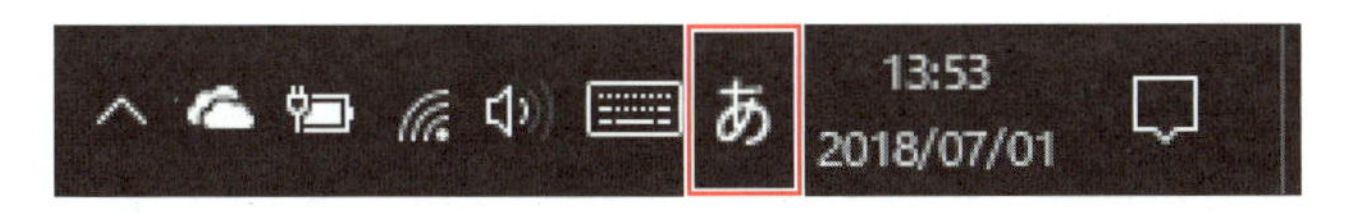

2 入力モードとは

通知領域には、キーを押したときに表示される文字の種類（あ や A）が表示されています。この文字の種類を**「入力モード」**といいます。

●ひらがな・カタカナ・漢字などを入力するときは あ

●半角英数字を入力するときは A

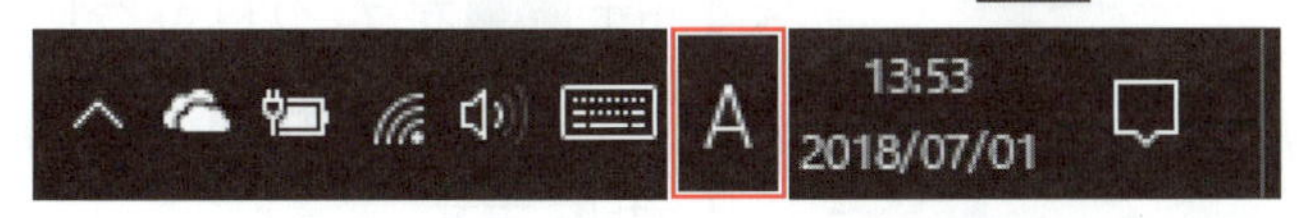

あ と A は、キーボードの 半角/全角 漢字 を押すと交互に切り替わるので、入力する文字に合わせて入力モードを切り替えます。

3 ローマ字入力とかな入力

日本語を入力するには、**「ローマ字入力」**と**「かな入力」**の2つの方式があります。

●ローマ字入力

キーに書かれている英字に従って、ローマ字のつづりで入力します。ローマ字入力は、母音と子音に分かれているため、入力するキーの数は多くなりますが、配列を覚えるキーは少なくなります。

例えば、**「はな」**と入力するときは、ローマ字に置き換えて次のキーを押します。

●かな入力

キーに書かれているひらがなに従って、入力します。かな入力は、入力するキーの数はローマ字入力より少なくなりますが、配列を覚えるキーが多くなります。

例えば、**「はな」**と入力するときは、読みのまま次のキーを押します。

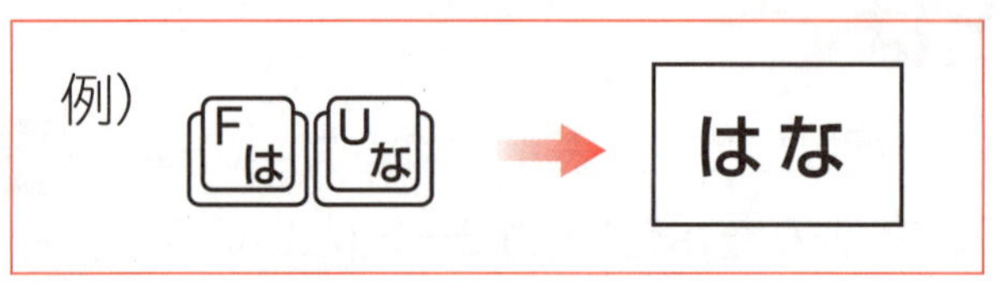

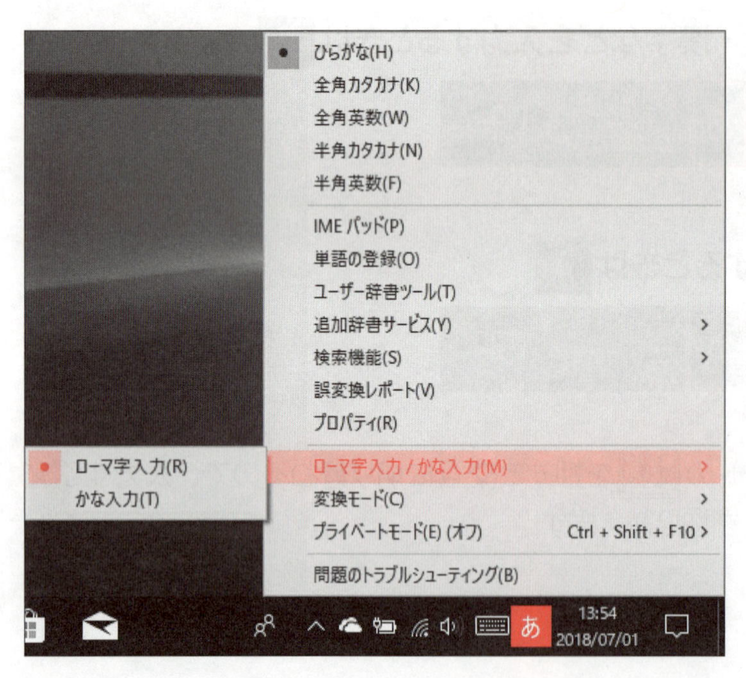

初期の設定で、入力方式はローマ字入力が設定されていますが、自分の使いやすい入力方式に切り替えることができます。

入力方式を切り替えるには、あ または A を右クリックして表示される**《ローマ字入力/かな入力》**の一覧から選択します。

※●が付いているのが現在選択されている入力方式です。

Step3 アプリを起動しよう

1 ワードパッドの起動

ここでは、**「ワードパッド」**を使って、文字の入力を行います。ワードパッドは、簡単な文書作成ができるワープロソフトで、Windowsに標準で搭載されています。
ワードパッドを起動しましょう。

① ［スタートボタン］（スタート）をクリックします。

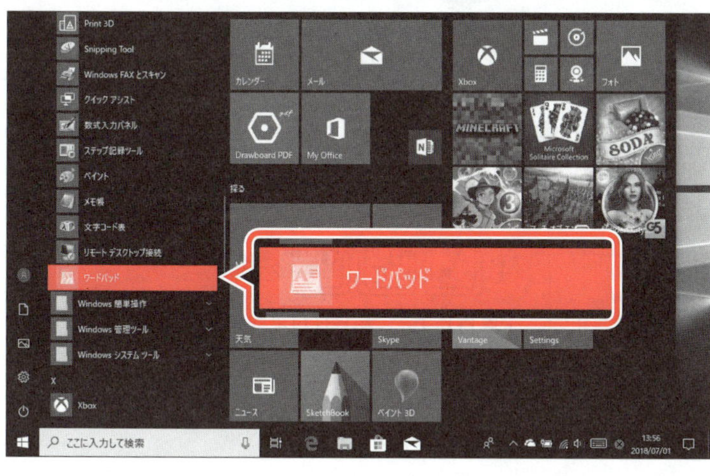

②**《W》**の**《Windowsアクセサリ》**をクリックします。

③**《ワードパッド》**をクリックします。

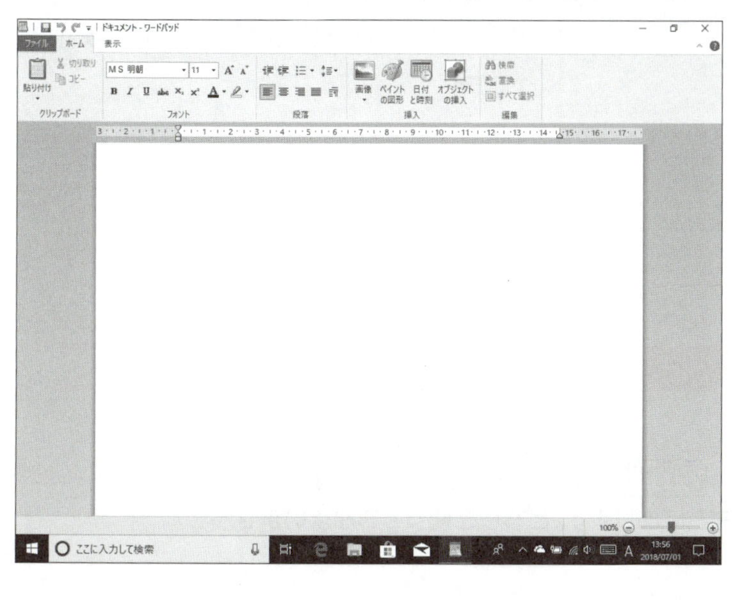

ワードパッドが起動します。

※ ［□］をクリックして、操作しやすいようにワードパッドを画面全体に表示しておきましょう。

Step4 文字を入力しよう(ローマ字入力)

1 英字の入力

英字を入力するには、入力モードを A に切り替えて、英字のキーをそのまま押します。

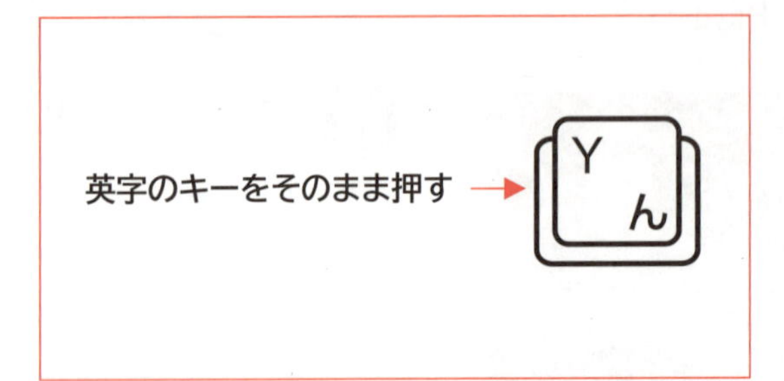

半角の英小文字で「abc」と入力しましょう。

①ローマ字入力に切り替えます。

②入力モードを A にします。

※ A になっていないときは、[半角/全角 漢字] を押します。

③カーソルが表示されていることを確認します。

※カーソルは文字が入力される位置を示します。入力前に、カーソルの位置を確認しましょう。

abc

④ [A ち] [B こ] [C そ] を押します。

「abc」と半角の英小文字で表示されます。

⑤ [Enter] を押します。

abc

改行され、カーソルが次の行に表示されます。

POINT ▶▶▶

英大文字の入力

英大文字を入力するときは、[Shift] を押しながら英字のキーを押します。

※ [Shift] はキーボードの左右にあります。どちらを使ってもかまいません。

全角と半角

「全角」と「半角」は、文字の基本的な大きさを表します。

●全角 あ
ひらがなや漢字の1文字分の大きさです。

●半角 a
全角の半分の大きさです。

文字の削除

入力する文字を間違えたときは、カーソルキー（←→↑↓）を使って削除する文字にカーソルを移動して、Back Spaceまたは Delete を押します。

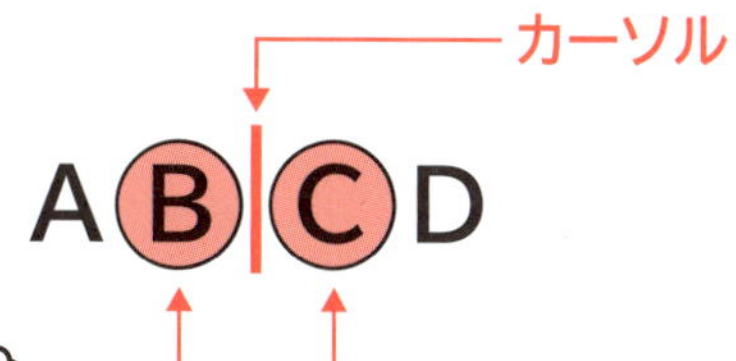

カーソルの左側の文字を削除

Delete

カーソルの右側の文字を削除

2 数字・記号の入力

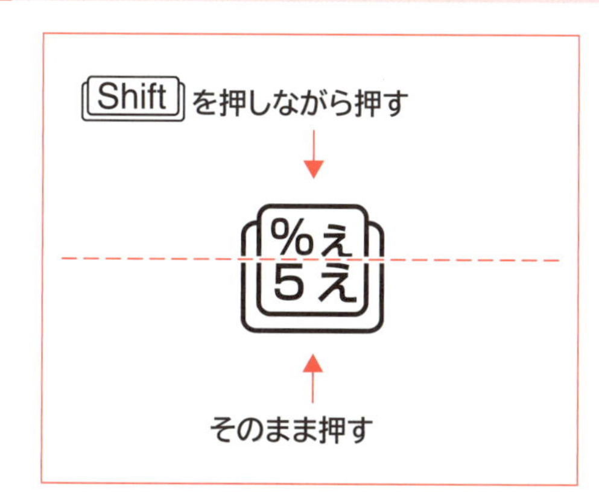

%え 5え や @ など、キーボードには数字や記号が上下に書かれているキーがあります。
数字・記号を入力するには、入力モードを A にします。
キーの下側に書かれている数字や記号を入力するには、キーをそのまま押します。
キーの上側に書かれている記号を入力するには、Shift を押しながらキーを押します。

「5%」と入力しましょう。

5%

①入力モードが A になっていることを確認します。
② %え 5え を押します。
③ Shift を押しながら %え 5え を押します。
「5%」と半角で表示されます。
※ Enter を押して、改行しておきましょう。

テンキーを使った数字の入力

キーボードに「テンキー」（キーボード右側の数字のキーが集まっているところ）がある場合は、テンキーを使って数字を入力できます。

1 2 3 4 5 6 7 8 9 付録 索引

3 ひらがなの入力

ローマ字入力でひらがなを入力しましょう。ローマ字入力では、日本語をローマ字に置き換えながら入力します。

1 ひらがなの入力

「きく」と入力しましょう。**「きく」**は、ローマ字で**「KIKU」**になります。

①入力モードを あ にします。
※ あ になっていないときは、【半角/全角 漢字】を押します。

②【K】【I】【K】【U】を押します。
「きく」と表示され、入力した文字に波線が付きます。波線は、文字が入力の途中であることを表します。

きく

③【Enter】を押します。
波線が消え、文字が確定されます。
※【Enter】を押して、改行しておきましょう。

2 「ん」の入力

「ん」をローマ字で書くと**「N」**ですが、パソコンで入力するときは、【N】を2回続けて押します。
「えほん」と入力しましょう。

えほん

①【E】【H】【O】【N】【N】を押します。
「えほん」と表示されます。
※文字の下側に予測候補が表示されます。予測候補については、P.44「STEP UP 予測候補」で学習します。
②【Enter】を押します。

3 「を」の入力

「を」は、ローマ字で**「WO」**になります。
「を」と入力しましょう。

えほんを

①【W】【O】を押します。
「を」と表示されます。
②【Enter】を押します。

4 促音の入力

促音（そくおん）の「っ」は、子音を2回続けて押すと、子音の前に表示されます。

「かった」と入力しましょう。

えほんをかった

① [K の][A ち][T か][T か][A ち]を押します。

「かった」と表示されます。

② [Enter]を押します。

※[Enter]を押して、改行しておきましょう。

5 「あいうえお」の入力

小さい**「ぁぃぅぇぉ」**や**「ゃゅょ」**を入力する場合、[L り]に続けて入力します。

「ぁぃぅぇぉ」と入力しましょう。

ぁぃぅぇぉ

① [L り][A ち][L り][I に][L り][U な][L り][E い][L り][O ら]を押します。

「ぁぃぅぇぉ」と表示されます。

② [Enter]を押します。

※[Enter]を押して、改行しておきましょう。

POINT ▶▶▶

前の文字と一緒に読む「ゃゅょ」の入力

「ゃゅょ」のように、前の文字と一緒に読む拗音（ようおん）の場合、前の文字の子音と母音の間に「Y」を入れて入力します。

例：きゃ [K の][Y ん][A ち]

6 長音の入力

音をのばすときに使う長音の**「ー」**を入力するには、[= ー ほ]を押します。

「はーと」と入力しましょう。

はーと

① [H く][A ち][= ー ほ][T か][O ら]を押します。

「はーと」と表示されます。

② [Enter]を押します。

※[Enter]を押して、改行しておきましょう。

POINT ▶▶▶

句読点やかっこの入力

読点「、」を入力するには、[< 、ね]をそのまま押します。

句点「。」を入力するには、[> 。る]をそのまま押します。

かっこ「」を入力するには、[{ 「]や[} 」む]をそのまま押します。

4 漢字の入力

入力したひらがなを漢字にするには、［　　］（スペース）を押します。この操作を**「変換」**といいます。
「先生」と入力しましょう。

せんせい

①入力モードが［あ］になっていることを確認します。
②**「せんせい」**と入力します。

先生

③［　　］（スペース）を押します。
漢字に変換され、下線が付きます。下線は、文字が変換の途中であることを表します。
④［Enter］を押します。

先生

漢字が確定されます。
※［Enter］を押して、改行しておきましょう。

予測候補

文字を入力し変換する前に、予測候補の一覧が表示されます。
この予測候補の一覧には、今までに入力した文字や、これから入力すると予測される文字が予測候補として表示されます。この予測候補を［Tab］で選択して、そのまま入力することができます。

先生
先生の
先生に
先生方
先生が
Tab キーで予測候補を選択

POINT ▶▶▶

［　　］（スペース）の役割

［　　］（スペース）は、押すタイミングによって役割が異なります。
文字を確定する前に［　　］（スペース）を押すと、文字が変換されます。
文字を確定した後に［　　］（スペース）を押すと、空白が入力されます。

POINT ▶▶▶

ほかの変換候補の選択

漢字には同じ読みをするものがたくさんあるため、一度の変換で目的の漢字が表示されるとは限りません。目的の漢字が表示されなかったときは、何度か［　　　］（スペース）を押して変換を続けます。［　　　］（スペース）を続けて押すと、変換候補の一覧が表示され、ほかの漢字を選択できます。

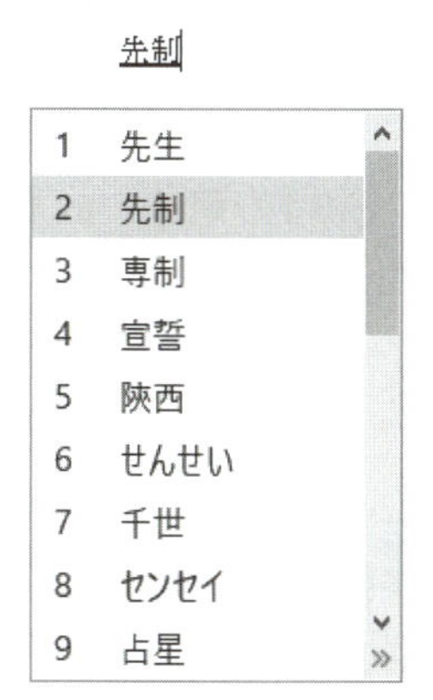

変換前の状態に戻す

変換して確定する前に［Esc］を何回か押すと、変換前の状態（読みを入力した状態）に戻して文字を訂正できます。

5 カタカナの入力

カタカナも漢字と同じように読みを入力して［　　　］（スペース）で変換します。
「パソコン」と入力しましょう。

ぱそこん

①入力モードが［あ］になっていることを確認します。

②**「ぱそこん」**と入力します。

③［　　　］（スペース）を押します。

パソコン

カタカナに変換されます。

④［Enter］を押します。

※［Enter］を押して、改行しておきましょう。

カタカナの変換

ひらがなを入力し［無変換］を押して、カタカナに変換することもできます。

キーボードにない記号の入力

キーボードにない「〒」や「①」、「★」など特殊な記号は、漢字やカタカナと同じように、読みを入力して変換します。
読みを入力して変換できる記号には、次のようなものがあります。

入力する読み	表示される記号
ゆうびん	〒
まる	○●◎①～⑳
ほし	☆★
こめ	※

※このほかにも、読みを入力して変換できる記号はたくさんあります。

6 文章の入力

文章を入力する場合は、文節単位で変換します。文節とは、文章を意味がわかる程度に区切ったものです。文節の区切りがわかりにくいときは、文章に**「ね」**をいれて意味が通じるかどうかをみると、わかりやすくなります。
例えば、**「春の風が吹く。」**という文章を入力する場合、**「春のね」「風がね」「吹くね」**と読むとそれぞれに違和感はありません。つまり、**「春の」「風が」「吹く。」**がそれぞれの文節ということがわかります。

春の（ね） 風が（ね） 吹く。（ね） → 春の（変換） 風が（変換） 吹く。（変換）

「春の風が吹く。」と入力しましょう。

はるの

①入力モードが あ になっていることを確認します。
②**「はるの」**と入力します。
③［　　　］（スペース）を押します。

春のかぜが

「春の」と変換されます。
④**「かぜが」**と入力します。
※「春の」が自動的に確定されます。
⑤［　　　］（スペース）を押します。

春の風がふく。

「風が」と変換されます。
⑥**「ふく。」**と入力します。
※「風が」が自動的に確定されます。
⑦［　　　］（スペース）を押します。

春の風が吹く。

「吹く。」と変換されます。
⑧［Enter］を押します。
※［×］→《保存しない》をクリックし、ワードパッドを終了しておきましょう。

変換しない文節

STEP UP

ひらがなのままで変換しないときは、［　　　］（スペース）を押さずに［Enter］を押して確定します。

さくらぐみの 演奏時間

Step5 文字を入力しよう（かな入力）

1 英字の入力

英字を入力するには、入力モードを A に切り替えて、英字のキーをそのまま押します。

半角の英小文字で**「abc」**と入力しましょう。

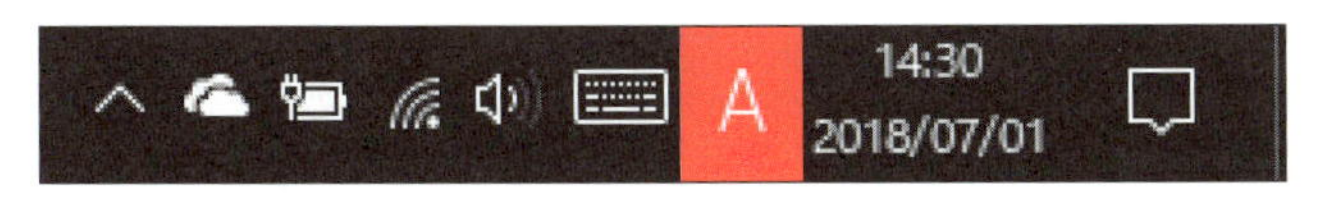

①ワードパッドを起動します。

※ (スタート)→《Windowsアクセサリ》→《ワードパッド》をクリックします。

②かな入力に切り替えます。

③入力モードを A にします。

※ A になっていないときは、半角/全角 漢字 を押します。

④カーソルが表示されていることを確認します。

※カーソルは文字が入力される位置を示します。入力前に、カーソルの位置を確認しましょう。

⑤ A ち B こ C そ を押します。

「abc」と半角の英小文字で表示されます。

⑥ Enter を押します。

改行され、カーソルが次の行に表示されます。

POINT ▶▶▶

英大文字の入力

英大文字を入力するときは、Shift を押しながら英字のキーを押します。

※ Shift はキーボードの左右にあります。どちらを使ってもかまいません。

全角と半角

「全角」と「半角」は、文字の基本的な大きさを表します。

●全角 あ
ひらがなや漢字の1文字分の大きさです。

●半角 a
全角の半分の大きさです。

文字の削除

入力する文字を間違えたときは、カーソルキー（←→↑↓）を使って削除する文字にカーソルを移動して、Back Spaceまたは Delete を押します。

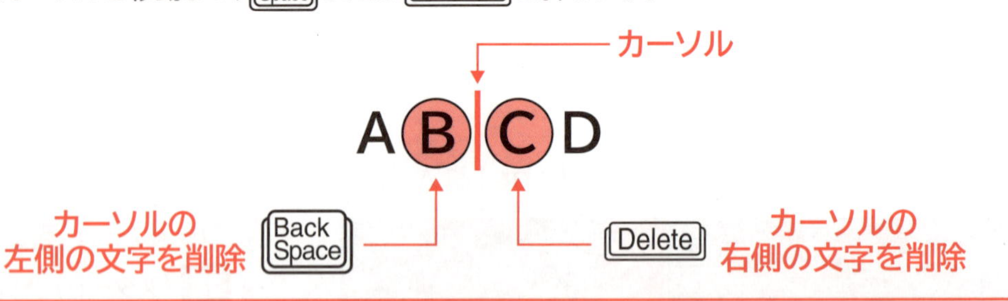

2 数字・記号の入力

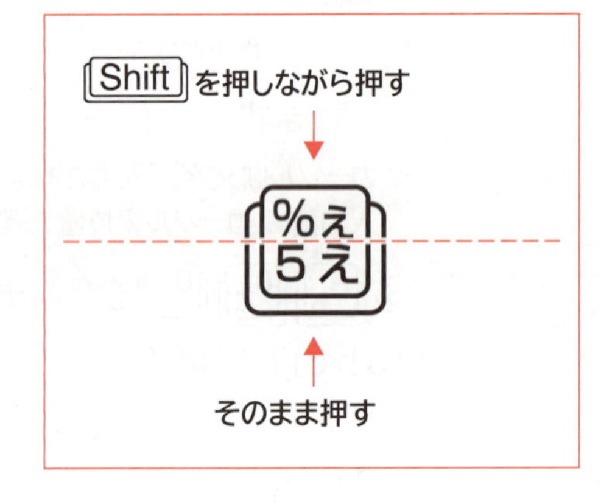

%え 5え や ` @ ・ など、キーボードには数字や記号が上下に書かれているキーがあります。
数字・記号を入力するには、入力モードを A にします。
キーの下側に書かれている数字や記号を入力するには、キーをそのまま押します。
キーの上側に書かれている記号を入力するには、Shift を押しながらキーを押します。

「5%」と入力しましょう。

5%

①入力モードが A になっていることを確認します。
② %え 5え を押します。
③ Shift を押しながら %え 5え を押します。
「5%」と半角で表示されます。
※ Enter を押して、改行しておきましょう。

テンキーを使った数字の入力

キーボードに「テンキー」（キーボード右側の数字のキーが集まっているところ）がある場合は、テンキーを使って数字を入力できます。

3 ひらがなの入力

かな入力でひらがなを入力しましょう。

1 ひらがなの入力

「えほん」と入力しましょう。

①入力モードを あ にします。

※ あ になっていないときは、[半角/全角 漢字]を押します。

えほん

②[%5 え][= ー ほ][Y ん]を押します。

「えほん」と表示され、入力した文字に波線が付きます。波線は、文字が入力の途中であることを表します。

※文字の下側に予測候補が表示されます。予測候補については、P.51「STEP UP 予測候補」で学習します。

えほん

③[Enter]を押します。

波線が消え、文字が確定されます。

2 「を」の入力

「を」は、[Shift]を押しながら[0 を わ]を押します。

「を」と入力しましょう。

えほんを

①[Shift]を押しながら[0 を わ]を押します。

「を」と表示されます。

②[Enter]を押します。

3 促音の入力

促音(そくおん)の**「っ」**は、[Shift]を押しながら[Z っ つ]を押します。

「かった」と入力しましょう。

えほんをかった

①[T か][Shift]+[Z っ つ][Q た]を押します。

「かった」と表示されます。

②[Enter]を押します。

※[Enter]を押して、改行しておきましょう。

4 「あいうえお」の入力

小さい「**あいうえお**」や「**やゆよ**」を入力する場合も、[Shift]を押しながらキーを押します。

「**あいうえお**」と入力しましょう。

あいうえお

① [Shift]+[# あ 3 ぁ] [Shift]+[E ぃ]
[Shift]+[$ う 4 ぅ] [Shift]+[% え 5 ぇ]
[Shift]+[& お 6 ぉ]を押します。

「**あいうえお**」と表示されます。

② [Enter]を押します。

※[Enter]を押して、改行しておきましょう。

5 長音の入力

音をのばすときに使う長音の「**ー**」を入力するには、[| ¥ ー]を押します。

「**はーと**」と入力しましょう。

はーと

① [F は] [| ¥ ー] [S と]を押します。

「**はーと**」と表示されます。

② [Enter]を押します。

※[Enter]を押して、改行しておきましょう。

6 濁音の入力

ひらがなを濁音にする場合は、濁音にするひらがなのキーを押したあと、[` @ ゛]を押します。

「**ばり**」と入力しましょう。

ばり

① [F は] [` @ ゛] [L り]を押します。

「**ばり**」と表示されます。

② [Enter]を押します。

※[Enter]を押して、改行しておきましょう。

7 半濁音の入力

ひらがなを半濁音にする場合は、半濁音にするひらがなのキーを押したあと、[{ 「 [゜]を押します。

「**ぴあの**」と入力しましょう。

ぴあの

① [V ひ] [{ 「 [゜] [# あ 3 ぁ] [K の]を押します。

「**ぴあの**」と表示されます。

② [Enter]を押します。

※[Enter]を押して、改行しておきましょう。

POINT ▶▶▶

句読点やかっこの入力

読点「、」を入力するには、Shift＋[<、ね]を押します。
句点「。」を入力するには、Shift＋[>。る]を押します。
かっこ「」を入力するには、Shift＋[{「]やShift＋[}」む]を押します。

4 漢字の入力

入力したひらがなを漢字にするには、[　　　](スペース)を押します。この操作を**「変換」**といいます。
「先生」と入力しましょう。

せんせい

①入力モードが あ になっていることを確認します。
②**「せんせい」**と入力します。

先生

③[　　　](スペース)を押します。
漢字に変換され、下線が付きます。下線は、文字が変換の途中であることを表します。
④Enterを押します。

先生

漢字が確定されます。
※Enterを押して、改行しておきましょう。

予測候補

文字を入力し変換する前に、予測候補の一覧が表示されます。
この予測候補の一覧には、今までに入力した文字や、これから入力すると予測される文字が予測候補として表示されます。この予測候補をTabで選択して、そのまま入力することができます。

先生
先生の
先生に
先生方
先生が
Tab キーで予測候補を選択

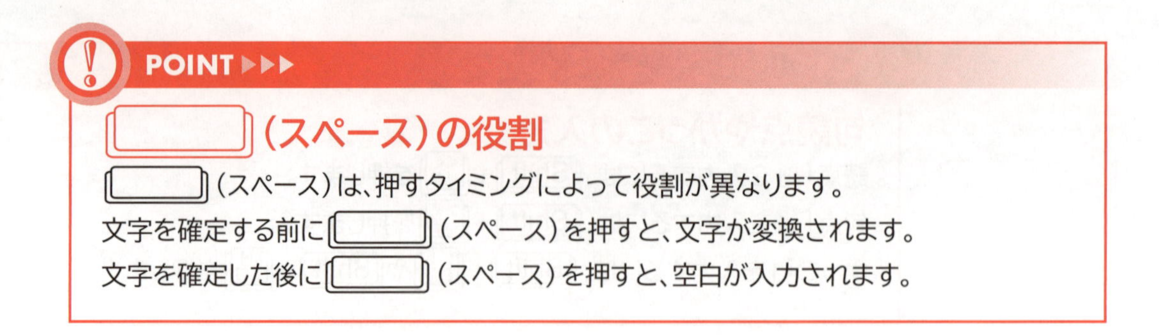
POINT ▶▶▶

（スペース）の役割

（スペース）は、押すタイミングによって役割が異なります。
文字を確定する前に（スペース）を押すと、文字が変換されます。
文字を確定した後に（スペース）を押すと、空白が入力されます。

POINT ▶▶▶

ほかの変換候補の選択

漢字には同じ読みをするものがたくさんあるため、一度の変換で目的の漢字が表示されるとは限りません。目的の漢字が表示されなかったときは、何度か（スペース）を押して変換を続けます。（スペース）を続けて押すと、変換候補の一覧が表示され、ほかの漢字を選択できます。

先制

1 先生
2 先制
3 専制
4 宣誓
5 陝西
6 せんせい
7 千世
8 センセイ
9 占星

変換前の状態に戻す

変換して確定する前にEscを何回か押すと、変換前の状態（読みを入力した状態）に戻して文字を訂正できます。

5 カタカナの入力

カタカナも漢字と同じように読みを入力して［　　　］（スペース）で変換します。
「パソコン」と入力しましょう。

ぱそこん

①入力モードが あ になっていることを確認します。

②**「ぱそこん」**と入力します。

③［　　　］（スペース）を押します。

パソコン

カタカナに変換されます。

④［Enter］を押します。

※［Enter］を押して、改行しておきましょう。

カタカナの変換

ひらがなを入力し［無変換］を押して、カタカナに変換することもできます。

キーボードにない記号の入力

キーボードにない「〒」や「①」、「★」など特殊な記号は、漢字やカタカナと同じように、読みを入力して変換します。
読みを入力して変換できる記号には、次のようなものがあります。

入力する読み	表示される記号
ゆうびん	〒
まる	○●◎①～⑳
ほし	☆★
こめ	※

※このほかにも、読みを入力して変換できる記号はたくさんあります。

6 文章の入力

文章を入力する場合は、文節単位で変換します。文節とは、文章を意味がわかる程度に区切ったものです。文節の区切りがわかりにくいときは、文章に**「ね」**をいれて意味が通じるかどうかをみると、わかりやすくなります。
例えば、**「春の風が吹く。」**という文章を入力する場合、**「春のね」「風がね」「吹くね」**と読むとそれぞれに違和感はありません。つまり、**「春の」「風が」「吹く。」**がそれぞれの文節ということがわかります。

春の　風が　吹く。 → 春の　風が　吹く。

「春の風が吹く。」と入力しましょう。

はるの

①入力モードが あ になっていることを確認します。
②**「はるの」**と入力します。
③［　　　　］（スペース）を押します。

春のかぜが

「春の」と変換されます。
④**「かぜが」**と入力します。
※「春の」が自動的に確定されます。
⑤［　　　　］（スペース）を押します。

春の風がふく。

「風が」と変換されます。
⑥**「ふく。」**と入力します。
※「風が」が自動的に確定されます。
⑦［　　　　］（スペース）を押します。

春の風が吹く。

「吹く。」と変換されます。
⑧［Enter］を押します。
※ ［×］→《保存しない》をクリックし、ワードパッドを終了しておきましょう。

変換しない文節

ひらがなのままで変換しないときは、［　　　　］（スペース）を押さずに［Enter］を押して確定します。

さくらぐみの　演奏時間
［Enter］

よくわかる

第4章

Chapter 4

文書を作成しよう

Step1 作成する文書を確認しよう

1 作成する文書の確認

ワードパッドを使って、次のような文書を作成しましょう。

2018年6月18日

バーベキューパーティーのご案内

吹く風にもいよいよ夏めいた気配を感じる季節がやってきました。

さて、以下の日程で毎年恒例のバーベキューパーティーを開催いたします。

ご多忙中とは存じますが、ぜひご参加くださいますようお願い申し上げます。

なお、準備の都合上、出欠を6月28日（木）までに幹事までご連絡ください。

- 日時：7月1日（日）午前11時～午後2時
- 場所：海の丘公園
- 会費：3,500円

幹事　富岡（090-3333-XXXX）

Step2 ワードパッドの画面を確認しよう

1 ワードパッドの確認

ワードパッドを起動し、ワードパッドの画面を確認しましょう。

※ （スタート）→《Windowsアクセサリ》→《ワードパッド》をクリックします。

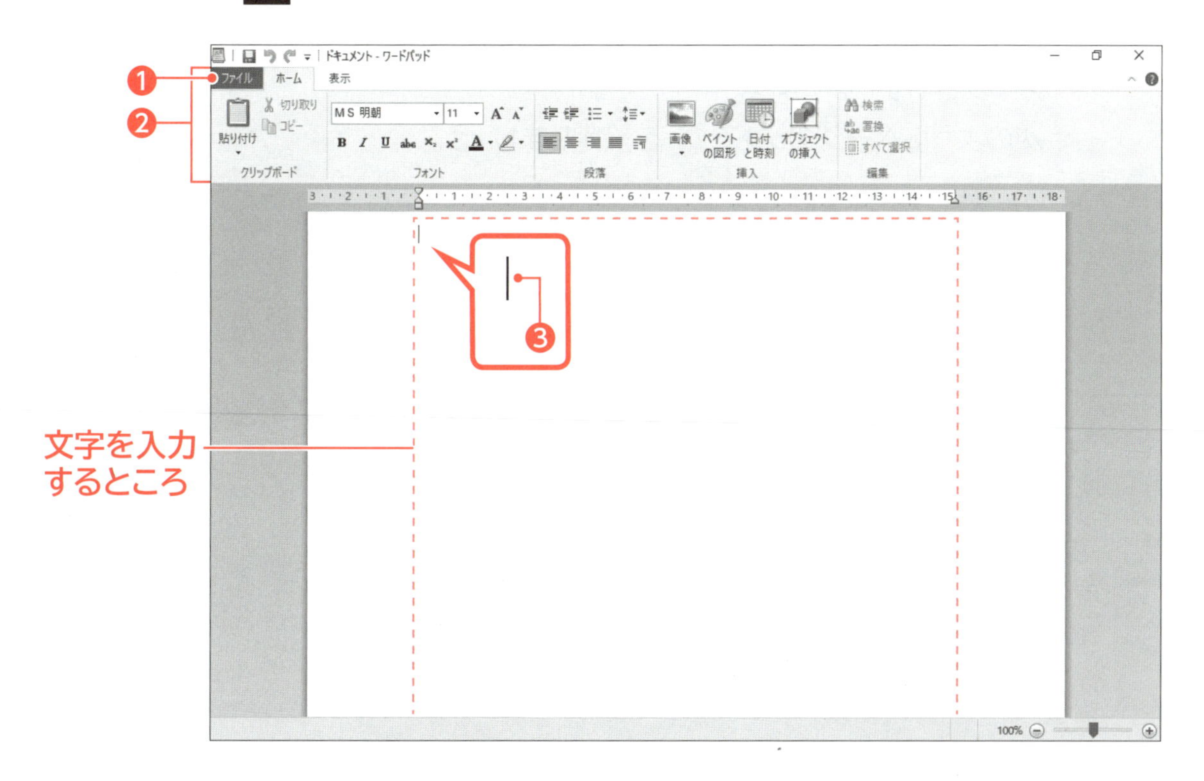

❶《ファイル》タブ

文書の新規作成や保存、印刷などの作業を進めるための指示が表示されます。

❷リボン

作業の指示が登録されたボタンがタブごとに分類されています。これらのボタンをクリックするだけで簡単に作業を進められます。

❸カーソル

文字を入力する場所や、作業を進めるための指示を実行する場所を示します。

Step3 用紙サイズや用紙の向きを設定しよう

1 ページレイアウトの設定

用紙サイズや用紙の向き、余白など、文書のページのレイアウトを設定するには、**「ページ設定」**を使います。ページ設定はあとからでも変更できますが、最初に設定しておくと印刷結果に近い状態が画面に表示されるので、仕上がりをイメージしやすくなります。
次のようにページのレイアウトを設定しましょう。

用紙サイズ　　：A4
用紙の向き　　：縦
上余白　　　　：38ミリ

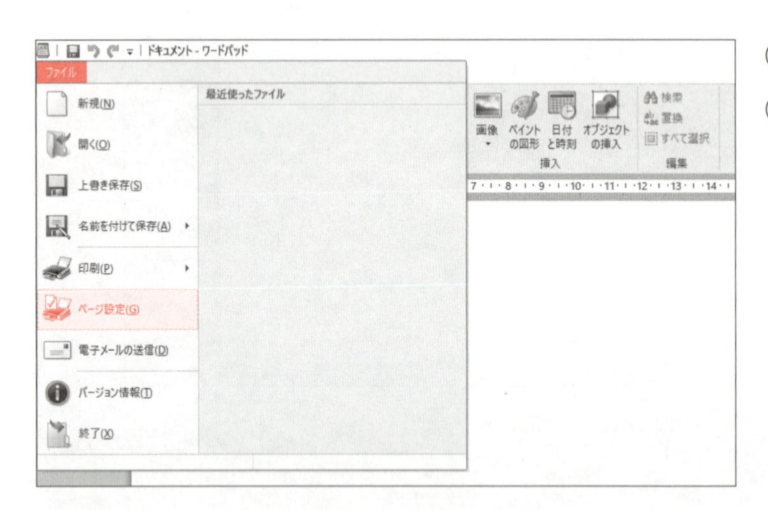

①**《ファイル》**タブを選択します。
②**《ページ設定》**をクリックします。

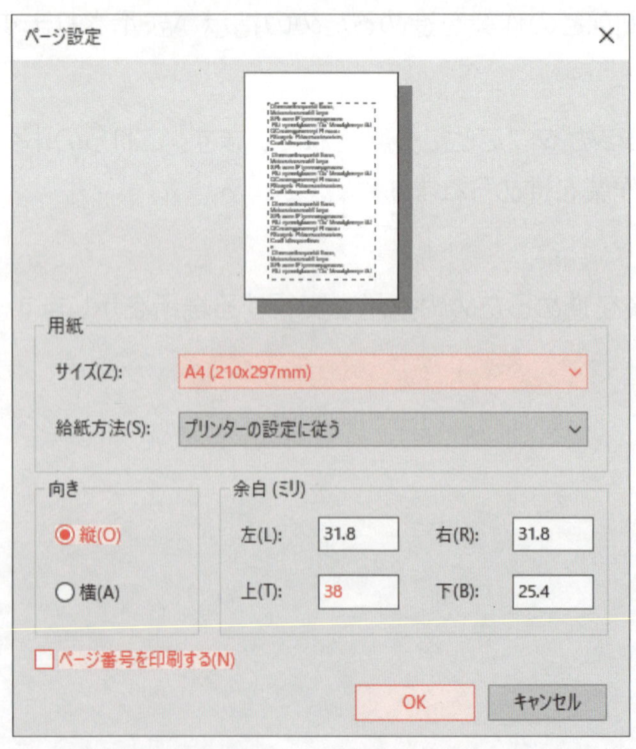

《ページ設定》ダイアログボックスが表示されます。
③**《用紙》**の**《サイズ》**の[v]をクリックし、一覧から**《A4》**を選択します。
④**《向き》**の**《縦》**を◉にします。
※◉と○は、クリックして選択します。選択肢の中からひとつだけ選択できます。
⑤**《余白》**の**《上》**を**「38」**に設定します。
※入力モードが A の状態で入力します。
⑥**《ページ番号を印刷する》**を□にします。
※☑と□は、クリックして選択します。
⑦**《OK》**をクリックします。

2 文章の入力

次の文章を入力しましょう。

※入力モードが あ の状態で入力します。

※文書を作成するときは、画面の左から文字を入力します。日付や題名の配置は、P.62「2 文字の配置の調整」で設定します。

2018年6月18日↵
バーベキューパーティーのご案内↵
↵
吹く風にもいよいよ夏めいた気配を感じる季節がやってきました。↵
さて、以下の日程で毎年恒例のバーベキューパーティーを開催いたします。↵
ご多忙中とは存じますが、ぜひご参加くださいますようお願い申し上げます。↵
なお、準備の都合上、出欠を6月28日（木）までに幹事までご連絡ください。↵
↵
日時：7月1日（日）午前11時～午後2時↵
場所：海の丘公園↵
会費：3,500円↵
↵
幹事　富岡（090-3333-XXXX）

※数字と「-（ハイフン）」は、半角で入力します。

※↵で Enter を押して、改行します。

※「～」は、「から」と入力して変換します。

※全角空白は（スペース）を押します。

※お使いのパソコンによって、折り返しの位置が異なる場合があります。

「（）（かっこ）」や「：（コロン）」、「-（ハイフン）」の入力

「（）（かっこ）」や「：（コロン）」、「-（ハイフン）」は、次のように入力します。

記号	キー
(	Shift + 8
)	Shift + 9
:	:
-	-

※かな入力の場合は、入力モードが A の状態で入力します。その場合、記号は半角で表示されます。

1 2 3 4 5 6 7 8 9 付録 索引

Step4 書式を設定しよう

1 文字の強調

入力したすべての文字は、同じフォント（文字の種類）と同じフォントサイズ（文字の大きさ）で表示されます。題名などを目立たせる場合は、リボンのボタンを使って、フォントを変えたり、フォントサイズを大きくしたりできます。
フォントを変えたり、フォントサイズを大きくしたりするには、あらかじめ文字の範囲を選択して操作します。
題名**「バーベキューパーティーのご案内」**を次のように設定しましょう。

フォント	：MSゴシック
フォントサイズ	：20
色	：落ち着いた赤

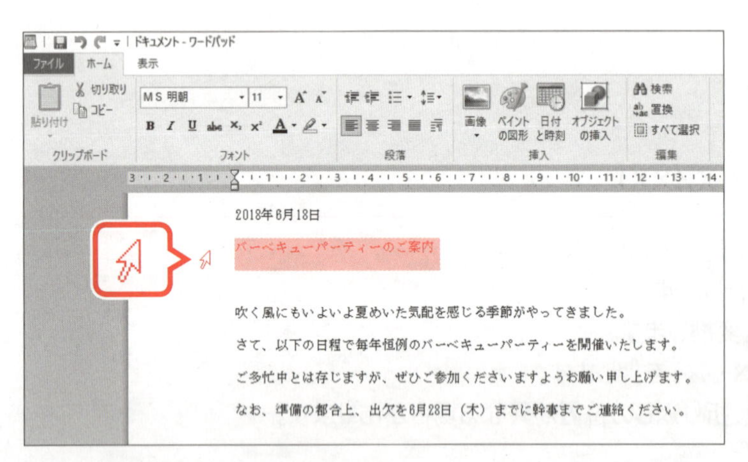

「バーベキューパーティーのご案内」の範囲を選択します。

①**「バーベキューパーティーのご案内」**の左側をポイントします。

マウスポインターの形が に変わります。

②クリックします。

「バーベキューパーティーのご案内」が行単位で範囲選択されます。

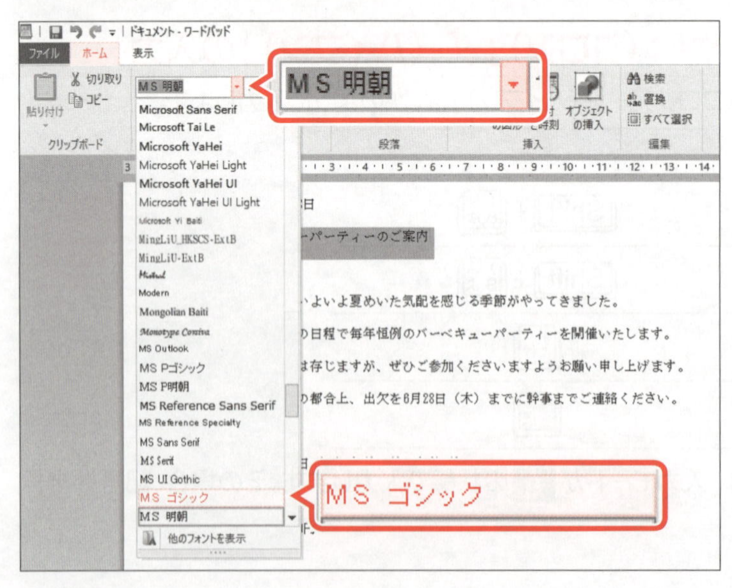

③**《ホーム》**タブを選択します。

④**《フォント》**グループの MS 明朝 （フォントファミリ）の ▾ をクリックします。

⑤**《MSゴシック》**をクリックします。

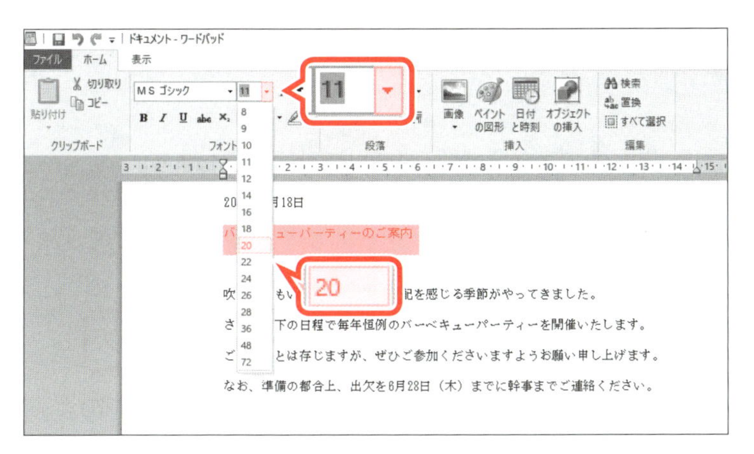

フォントが変更されます。

⑥《**フォント**》グループの 11 ▾（フォントサイズ）の ▾ をクリックします。

⑦《**20**》をクリックします。

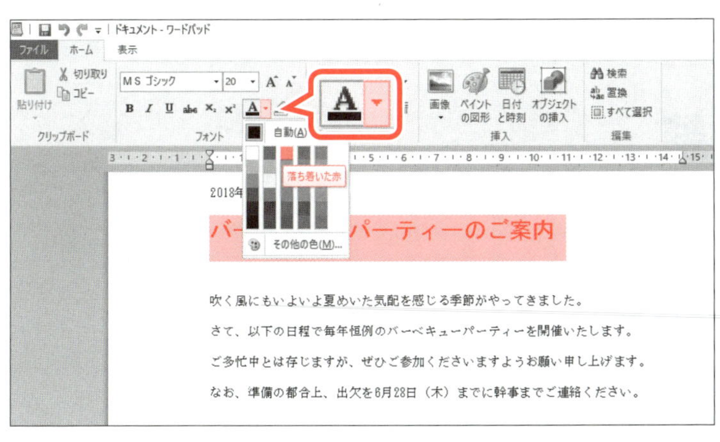

フォントサイズが大きくなります。

⑧《**フォント**》グループの A ▾（テキストの色）の ▾ をクリックします。

⑨《**落ち着いた赤**》をクリックします。

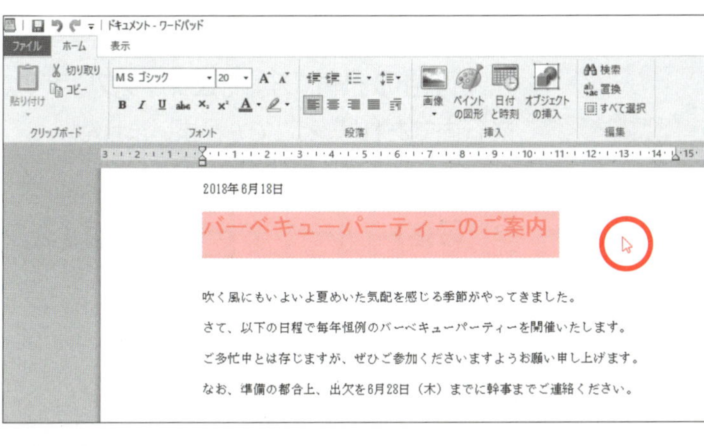

色が付きます。

⑩「**バーベキューパーティーのご案内**」以外の場所をクリックします。

範囲選択が解除されます。

POINT ▶▶▶

文字単位の選択

文字単位で範囲選択する場合は、先頭の文字から最終の文字までドラッグします。

出欠を6月28日（木）までに

出欠を6月28日（木）までに

先頭の文字の左側をポイント

最終の文字の右側までドラッグ

範囲選択のドラッグ中に、必要な文字以外まで選択されてしまうことがあります。そのような場合は、マウスのボタンから手を離さずに、範囲の最終の文字に移動します。

2 文字の配置の調整

行内の文字の配置は変更できます。
文字の配置を次のように調整しましょう。

2018年6月18日	:右
バーベキューパーティーのご案内	:中央
幹事　富岡（090-3333-XXXX）	:右

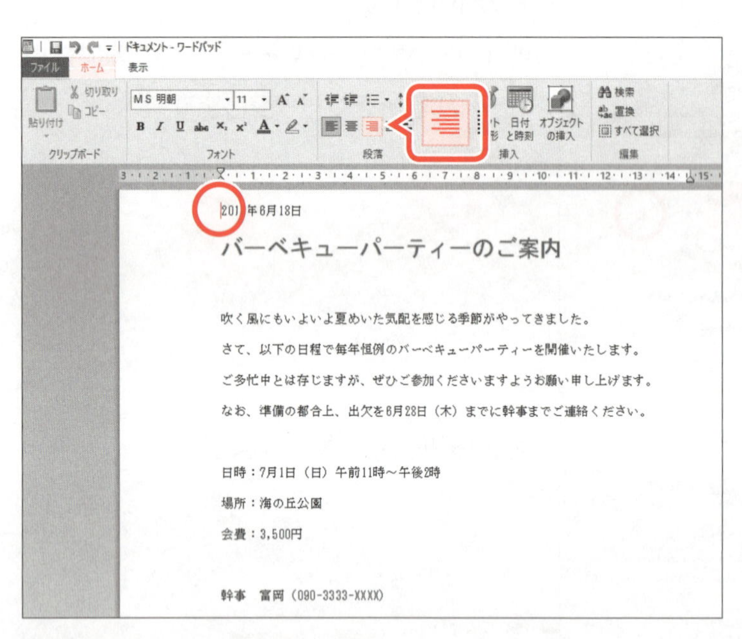

①1行目の日付の行内をクリックします。
※行内であれば、どこでもかまいません。
②《ホーム》タブを選択します。
③《段落》グループの　（右揃え）をクリックします。

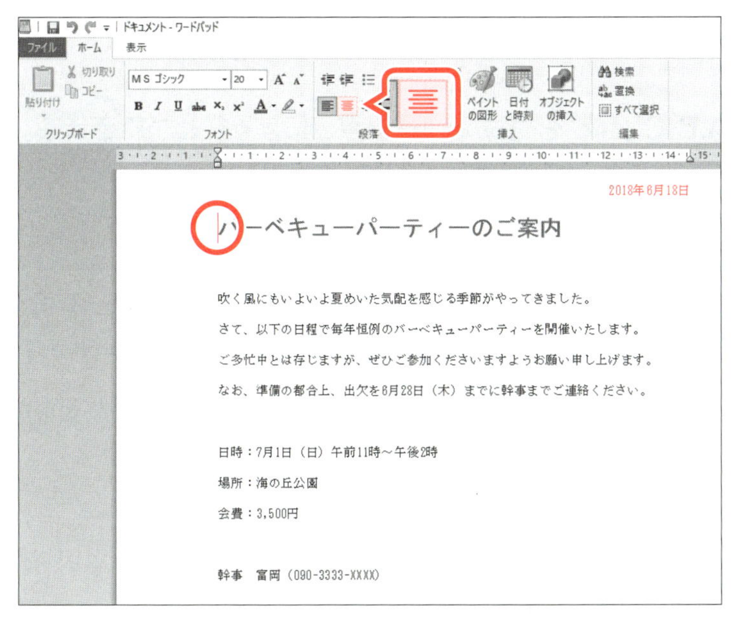

1行目の日付が右に移動します。

④**「バーベキューパーティーのご案内」**の行内をクリックします。

※行内であれば、どこでもかまいません。

⑤**《段落》**グループの［≡］（中央揃え）をクリックします。

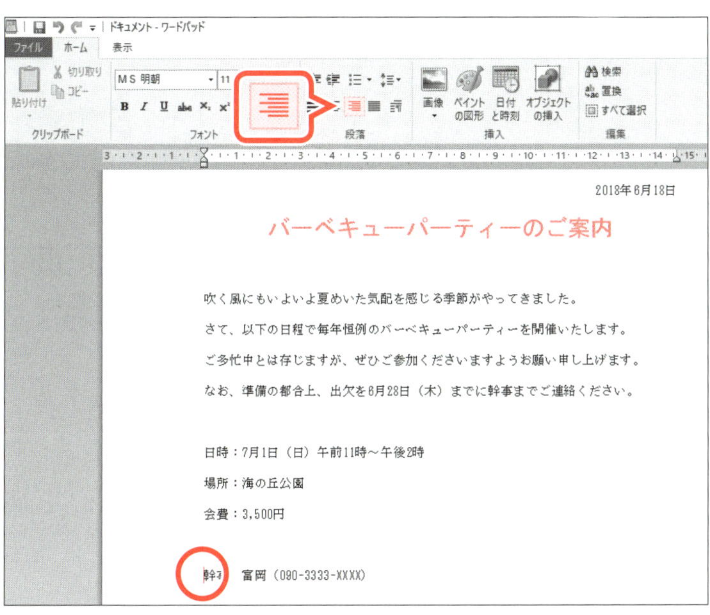

「バーベキューパーティーのご案内」が中央に移動します。

⑥**「幹事　富岡…」**の行内をクリックします。

※行内であれば、どこでもかまいません。

⑦**《段落》**グループの［≡］（右揃え）をクリックします。

「幹事　富岡…」が右に移動します。

3 箇条書きの設定

行頭に「●」や「1.2.3.」、「A.B.C.」などを付けて、箇条書きにすることができます。
「日時」から**「会費」**までの行頭に**「●」**を付けましょう。

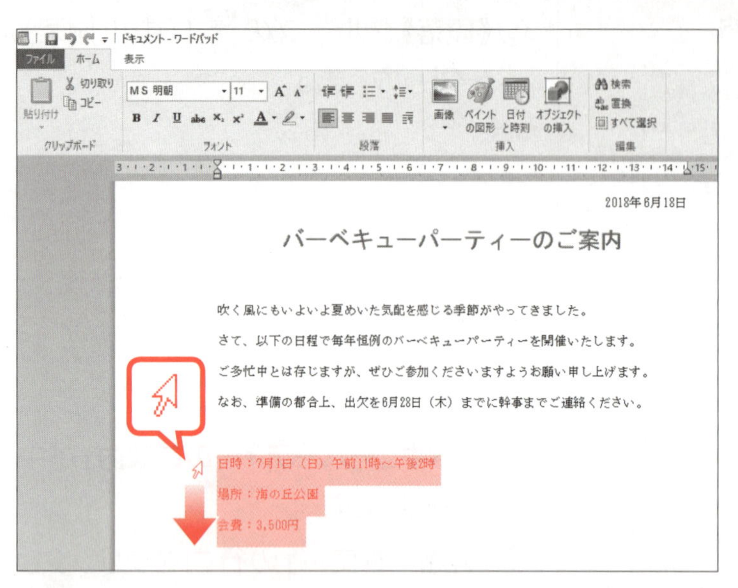

①**「日時」**の左側をポイントします。
マウスポインターの形が に変わります。
②**「会費」**の左側までドラッグします。
「日時」の行から**「会費」**の行までが範囲選択されます。

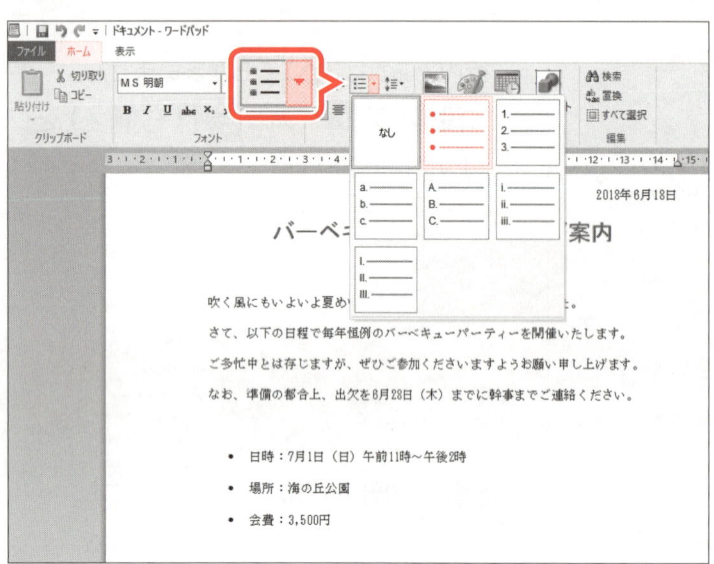

③**《ホーム》**タブを選択します。
④**《段落》**グループの （箇条書きの開始）の をクリックし、一覧から**《●》**を選択します。

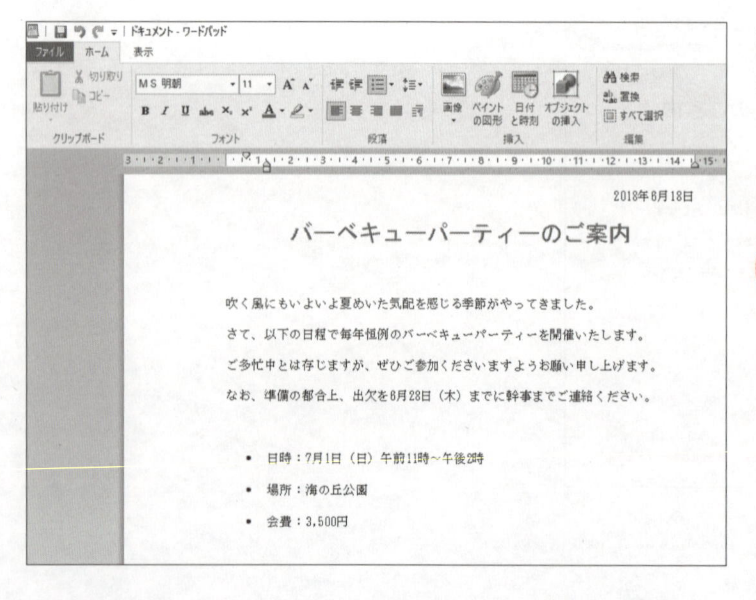

行頭に記号が付きます。
※範囲選択を解除しておきましょう。

リアルタイムプレビュー

「リアルタイムプレビュー」とは、一覧の選択肢をポイントして、設定後の結果を確認できる機能です。設定前に確認できるため、繰り返し設定しなおす手間を省くことができます。

Step5 文書を印刷しよう

1 印刷プレビューの表示

「印刷プレビュー」では、印刷の向きや余白のバランスは適当か、レイアウトが整っているかなどを、印刷する前に画面で確認できます。
印刷プレビューで印刷イメージを確認しましょう。

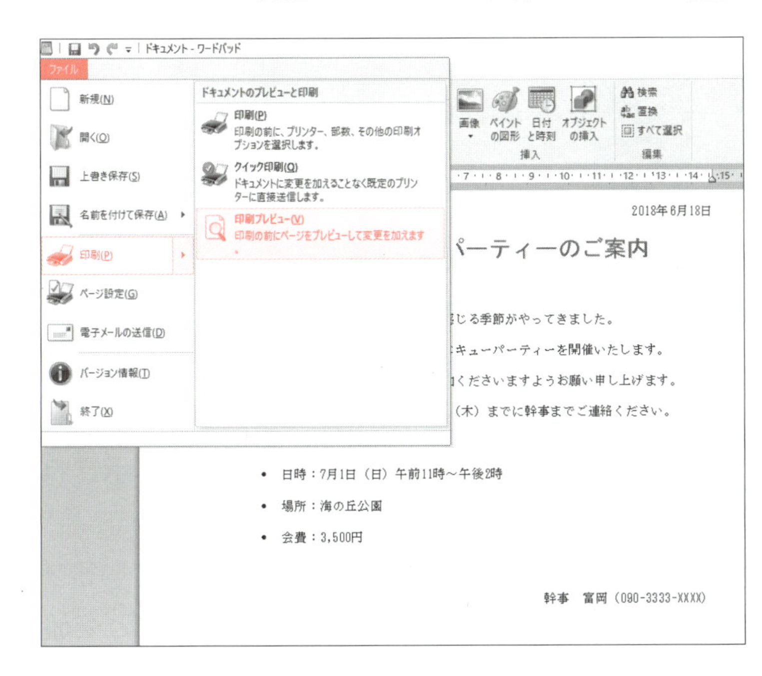

①**《ファイル》**タブを選択します。
②**《印刷》**をポイントします。
③**《印刷プレビュー》**をクリックします。

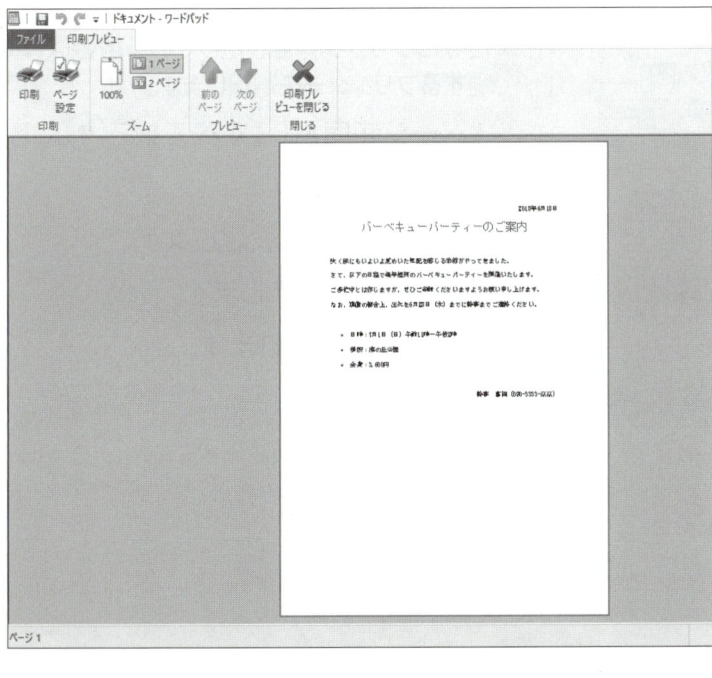

印刷プレビューが表示されます。

2 文書の印刷

文書を1部印刷しましょう。

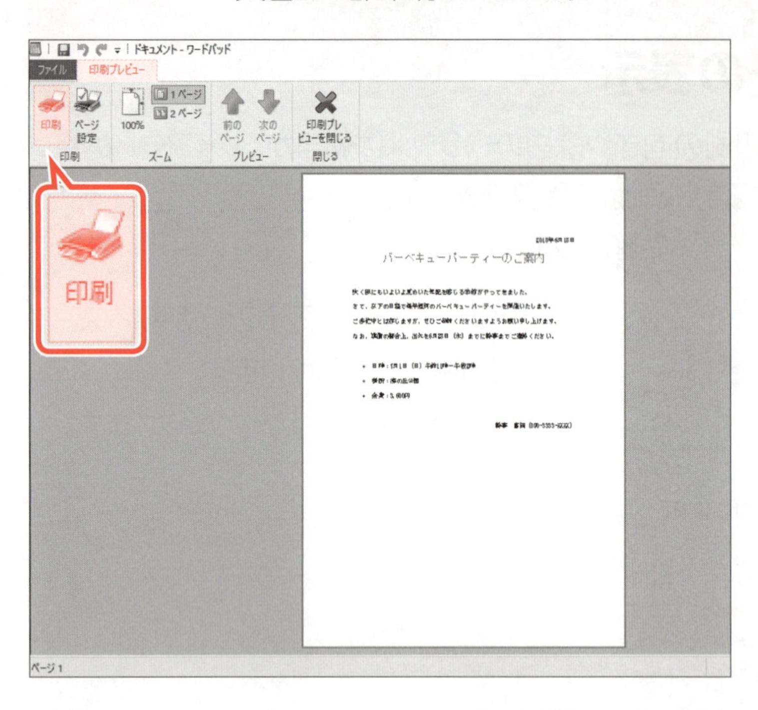

①印刷プレビューが表示されていることを確認します。

②《**印刷プレビュー**》タブを選択します。

③《**印刷**》グループの（印刷）をクリックします。

印刷

全般

プリンターの選択

Fax
Fujitsu Printer
Microsoft Print to PDF
Microsoft XPS Document Writer

状態: 準備完了　ファイルへ出力(F)　詳細設定(R)
場所:
コメント:　プリンターの検索(D)...

ページ範囲
すべて(L)
選択した部分(T)　現在のページ(U)
ページ指定(G): 1-65535
ページ番号のみか、またはページ範囲のみを入力してください。例: 5-12

部数(C): 1
部単位で印刷(O)

印刷(P)　キャンセル　適用(A)

《**印刷**》ダイアログボックスが表示されます。

④《**プリンターの選択**》で設定しているプリンターが選択されていることを確認します。

※複数のプリンターを設定している場合は、印刷するプリンターを選択します。

⑤《**ページ範囲**》の《**すべて**》を◉にします。

⑥《**部数**》を「**1**」に設定します。

⑦《**印刷**》をクリックします。

文書が1部印刷されます。

ファイル（デスクトップに保存）
↓
上書き保存。
デスクトップ
↓
保存 →

フォルダに保存
↓
何もない所で右クリック
↓
新規作成
↓
フォルダ
↓
新しいフォルダ

Step6 文書を保存しよう

1 名前を付けて保存

文書を作成してそのままワードパッドを終了すると、文書は消えてしまいます。作成した文書を残しておくときは、文書に名前を付けて保存します。保存したデータを**「ファイル」**といいます。

文書に**「バーベキューパーティーのご案内」**という名前を付けて、**《ドキュメント》**に保存しましょう。

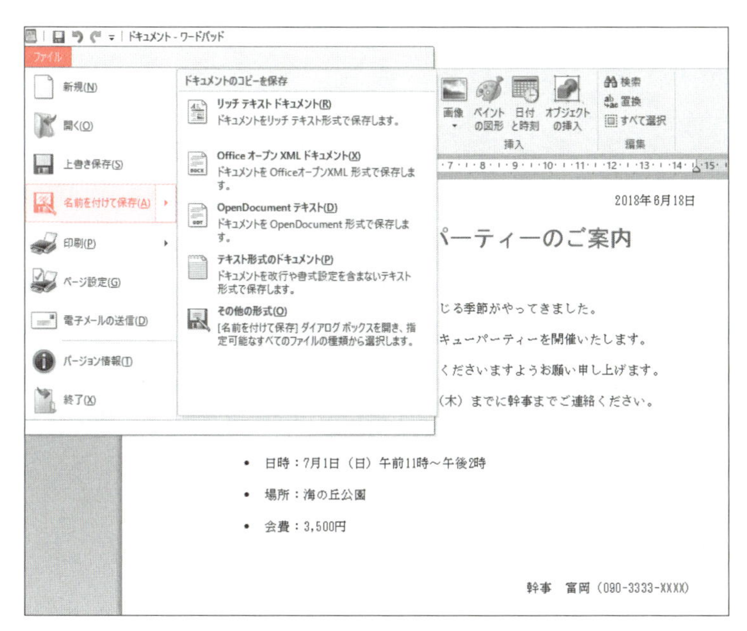

①**《ファイル》**タブを選択します。

②**《名前を付けて保存》**をクリックします。

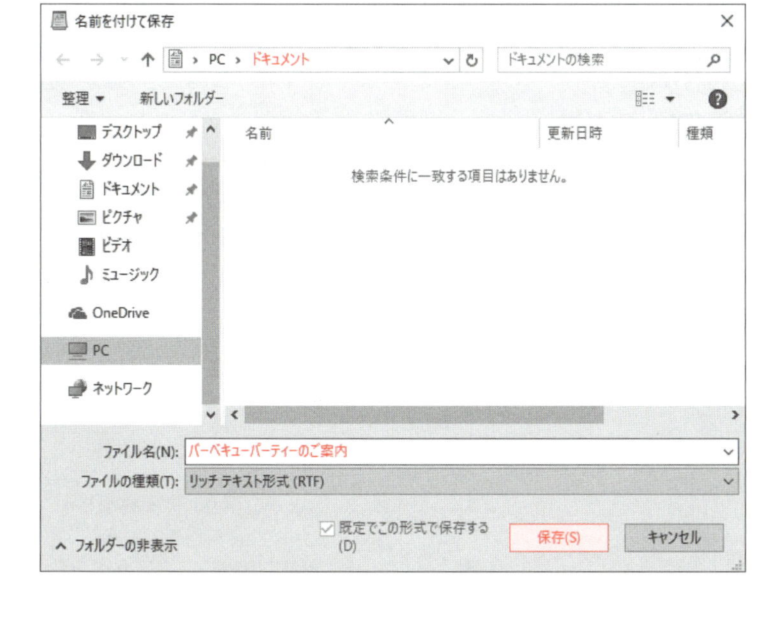

《名前を付けて保存》ダイアログボックスが表示されます。

③**《ドキュメント》**が選択されていることを確認します。

④**《ファイル名》**に**「バーベキューパーティーのご案内」**と入力します。

⑤**《保存》**をクリックします。

ファイル → デスクトップ上を右クリックするとできる.

1
2
3
4
5
6
7
8
9
付録
索引

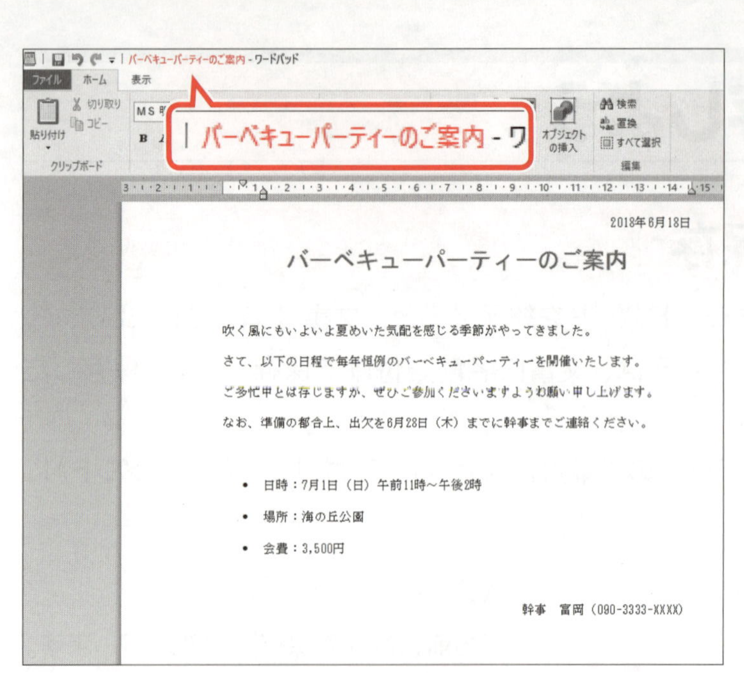

2018年6月18日

バーベキューパーティーのご案内

吹く風にもいよいよ夏めいた気配を感じる季節がやってきました。
さて、以下の日程で毎年恒例のバーベキューパーティーを開催いたします。
ご多忙中とは存じますが、ぜひご参加くださいますようお願い申し上げます。
なお、準備の都合上、出欠を6月28日（木）までに幹事までご連絡ください。

- 日時：7月1日（日）午前11時～午後2時
- 場所：海の丘公園
- 会費：3,500円

幹事　富岡（080-3333-XXXX）

ファイルとして保存されます。

⑥タイトルバーに**「バーベキューパーティーのご案内」**と表示されていることを確認します。

※ × をクリックし、ワードパッドを終了しておきましょう。

保存したファイルの編集

保存したファイルをあとから編集するには、ワードパッドを起動して、保存したファイルを呼び出します。ファイルを呼び出すことを「ファイルを開く」といいます。
ファイルを開く方法は、次のとおりです。
※ワードパッドを起動してから操作します。
◆《ファイル》タブ→《開く》→保存されている場所を選択→ファイルを選択→《開く》

POINT ▶▶▶

上書き保存

ファイルを編集してそのままワードパッドを終了すると、編集した部分は保存されません。編集したファイルを残しておくときは、ファイルを上書き保存します。誤って終了したときや、突然パソコンが終了してしまったときに備えて、こまめに上書き保存するとよいでしょう。
上書き保存する方法は、次のとおりです。
◆《ファイル》タブ→《上書き保存》

よくわかる

第5章

Chapter 5

ファイルやフォルダーを上手に管理しよう

Step 1 ファイルやフォルダーを確認しよう

1 ファイルとは

アプリで作成したデータは、すべて**「ファイル」**という単位で保存されます。作成したデータをファイルとして残しておくためには、**「第4章 Step6 文書を保存しよう」**で行ったように、データにファイル名を付けて保存します。このファイル名によって、ファイルは識別されます。
また、ファイルはアイコンで表示されます。アイコンの絵柄は、ファイルの種類によって異なるため、何のアプリで作成したファイルなのか、どのような種類のファイルなのかがひと目でわかります。

ワードパッド

Word

Excel

2 フォルダーとは

ファイルの数が多くなってくると、目的のファイルを探すのが大変になるため、関連するファイルを**「フォルダー」**という入れ物に入れて分類して整理します。
フォルダーは自由に作成することができます。フォルダー内にさらにフォルダーを作成して、階層的にファイルを管理することもできます。フォルダーもアイコンで表示され、ひと目でわかるように書類入れのような絵柄になっています。

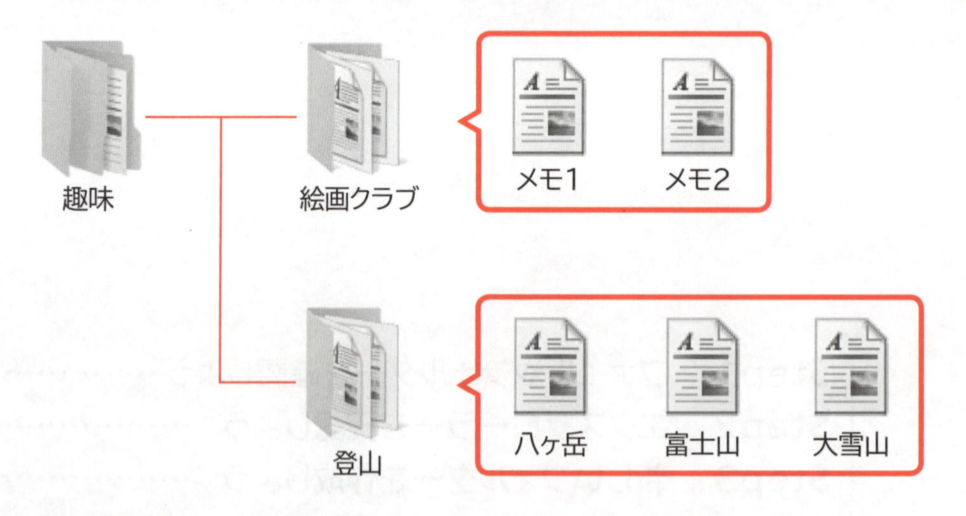

Step2 エクスプローラーを確認しよう

1 エクスプローラーの起動

フォルダーの内容を確認するには、**「エクスプローラー」**というアプリを使います。エクスプローラーには、ファイルを管理するための機能が備わっており、フォルダーを作成したり、ファイルを移動・コピーしたりできます。
エクスプローラーは、タスクバーにピン留めされているので、アイコンをクリックするだけで起動します。
エクスプローラーを起動しましょう。

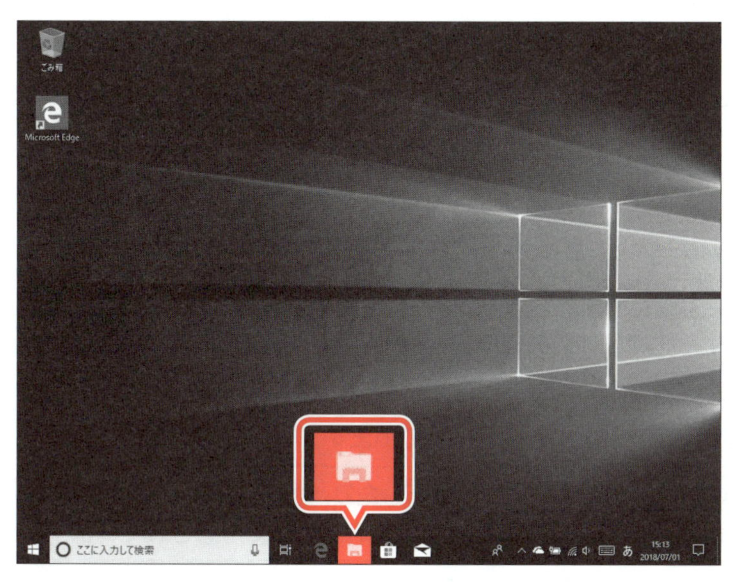

①タスクバーの（エクスプローラー）をクリックします。

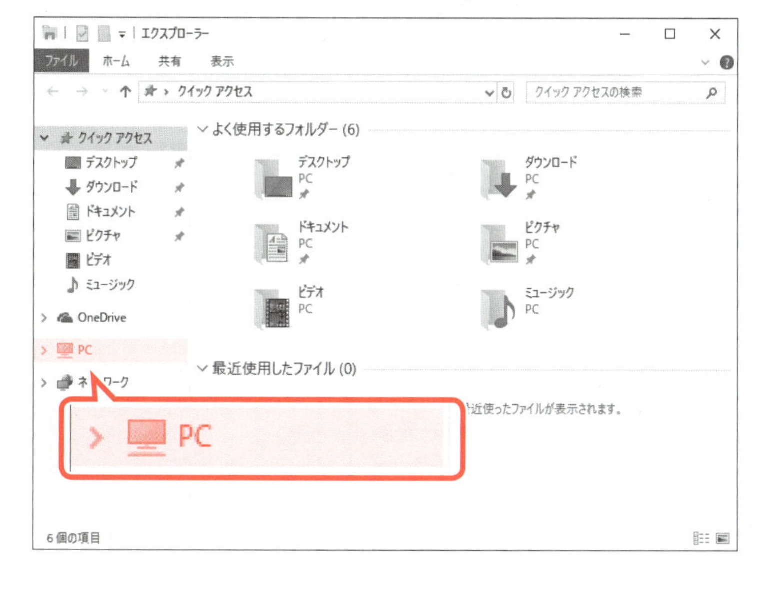

エクスプローラーが起動します。
②《PC》をクリックします。

1
2
3
4
5
6
7
8
9
付録
索引

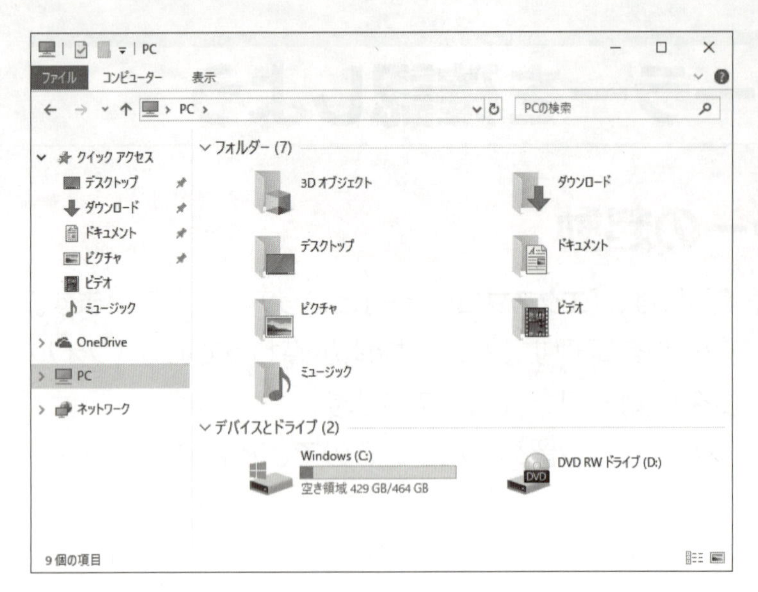

《PC》が表示されます。
パソコン内のフォルダーやドライブが表示されます。

個人ユーザー用の保存先

Windowsには、ユーザーが作成したフォルダーやファイルの保存先として、次のようなものが用意されています。

場所	説明
ダウンロード	インターネットからダウンロードするファイルの保存先として用意されています。
ドキュメント	一般的なファイルの保存先として用意されています。
ピクチャ	デジタルカメラやスマートフォンからパソコンに移行した写真ファイルの保存先として用意されています。
ビデオ	映像DVDからパソコンに移行したり、動画配信サイトからダウンロードしたりした動画ファイルの保存先として用意されています。
ミュージック	音楽CDからパソコンに移行したり、音楽配信サイトからダウンロードしたりした音楽ファイルの保存先として用意されています。
3Dオブジェクト	3Dオブジェクトのファイルの保存先として用意されています。
OneDrive	マイクロソフト社が提供しているインターネット上の保存先として用意されています。 Microsoftアカウントでサインインすると使用できます。

ひとつ前に表示した内容に戻る

ひとつ前に表示した内容に戻るには、左上の ← （戻る）を使います。また、→ （進む）を使うと、← （戻る）で一度戻した表示に逆戻りできます。

2 エクスプローラーの確認

エクスプローラーの画面を確認しましょう。

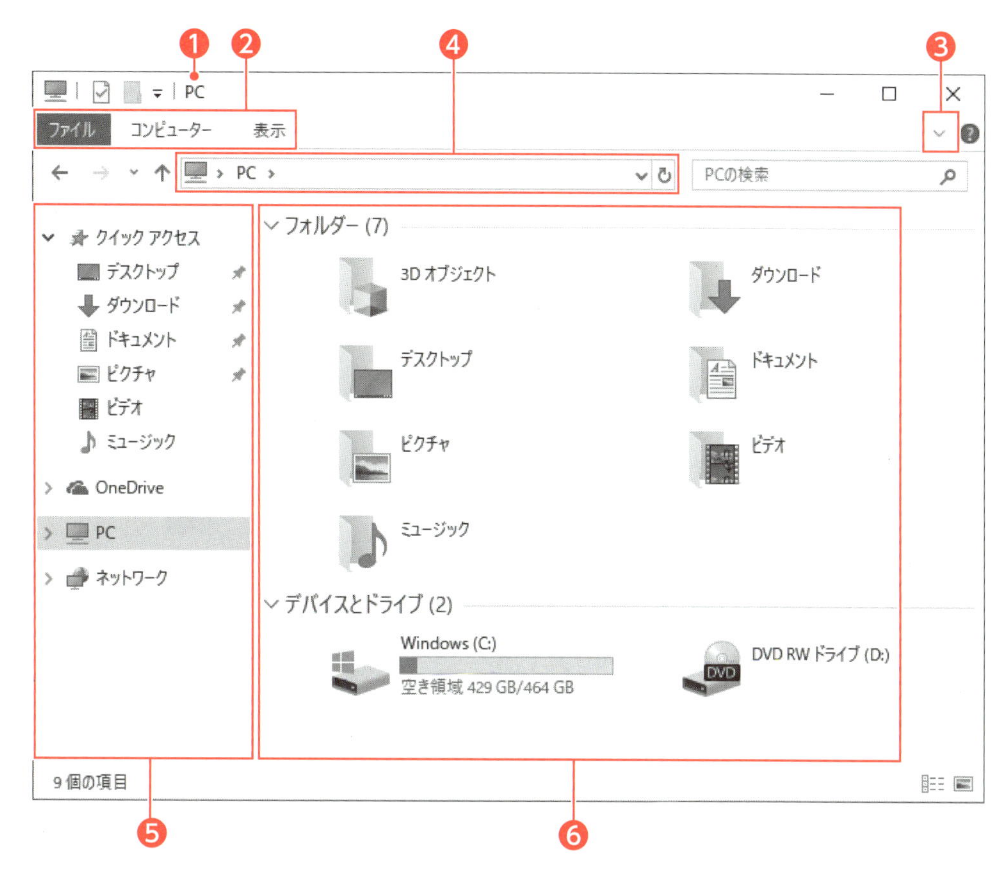

❶タイトルバー

作業対象の場所が表示されます。

❷リボン

様々な機能がボタンとして登録されています。ボタンは関連する機能ごとにタブに分類されています。

❸ ∨ (リボンの展開)

クリックすると、リボンが展開されます。

※リボンを展開すると、∨ (リボンの展開)は ∧ (リボンの最小化)に変わります。

❹アドレスバー

現在開いているウィンドウの場所が階層的に表示されます。

❺ナビゲーションウィンドウ

《クイックアクセス》《OneDrive(ワンドライブ)》《PC(ピーシー)》《ネットワーク》の4つのカテゴリが表示されます。それぞれのカテゴリは階層構造になっていて、階層を順番にたどることによって、作業対象の場所を選択できます。

❻ファイルリスト

ナビゲーションウィンドウで選択した作業対象の場所に保存されているファイルやフォルダーなどがアイコンで表示されます。

3 ドライブの確認

「ドライブ」とは、ハードディスクやCD、DVDなどの記憶装置のことです。ドライブは、アルファベット1文字を割り当てたドライブ名と**「:(コロン)」**で表されます。エクスプローラーでは、実際の装置をイメージしたアイコンで表示されます。

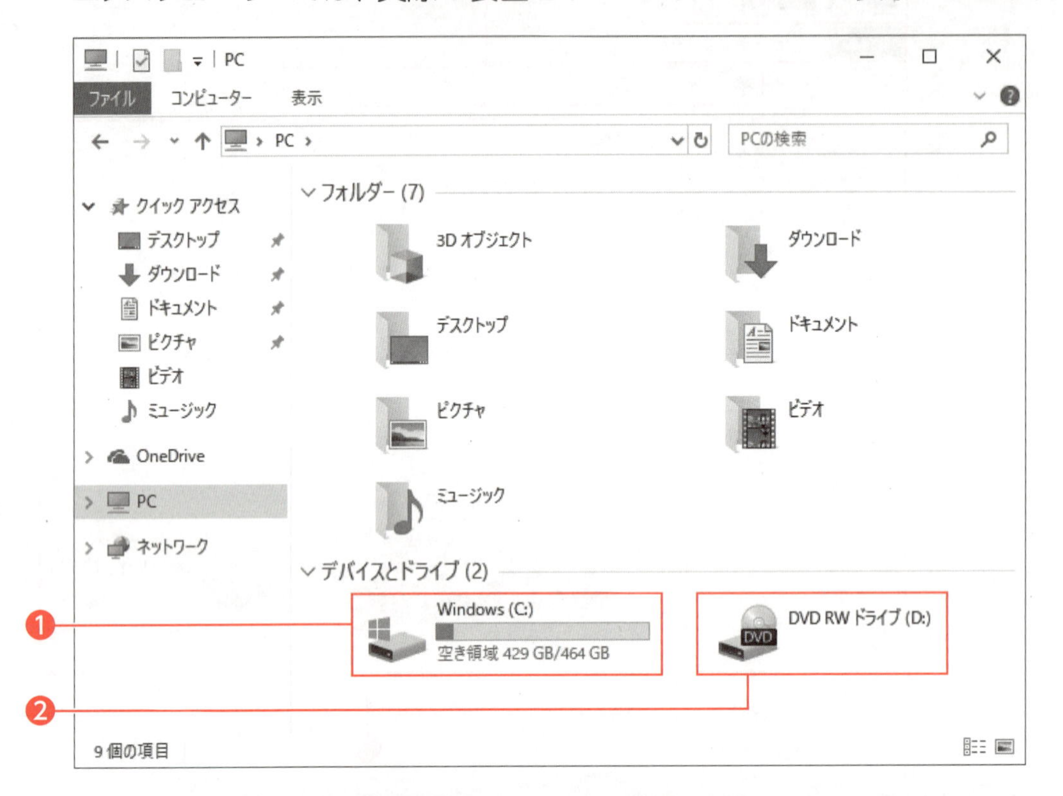

	ドライブ	記憶装置の種類	アイコン
❶	C:	ハードディスク	※Windowsがインストールされているドライブには、タイルのマークが付きます。
❷	D:	CD/DVD	※CDやDVDを入れているときは、アイコンの絵柄が変わります。

※お使いのパソコンによって、ドライブの構成は異なります。

記憶装置の種類

ファイルを保存する記憶装置には、ハードディスク、CD、DVD、USBメモリなどがあります。通常、ハードディスクは、パソコン本体内に組み込まれています。
CDやDVD、USBメモリなどは、パソコンからパソコンへファイルをやり取りするときや、パソコン内にある大切なファイルをバックアップするときなどによく使われます。

4 フォルダーの表示

Cドライブ内のフォルダー「Windows」を開いて、中身を確認しましょう。

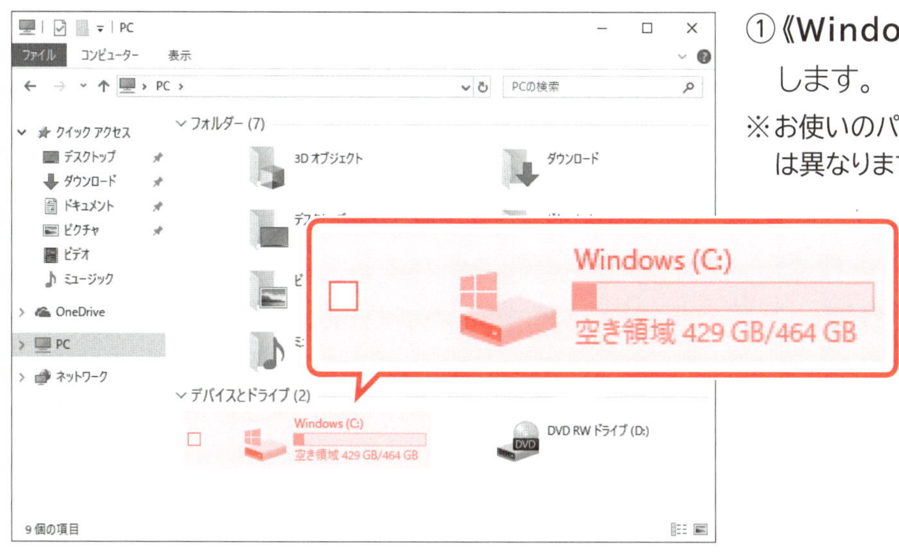

①《Windows（C:）》をダブルクリックします。

※お使いのパソコンによって、表示される内容は異なります。

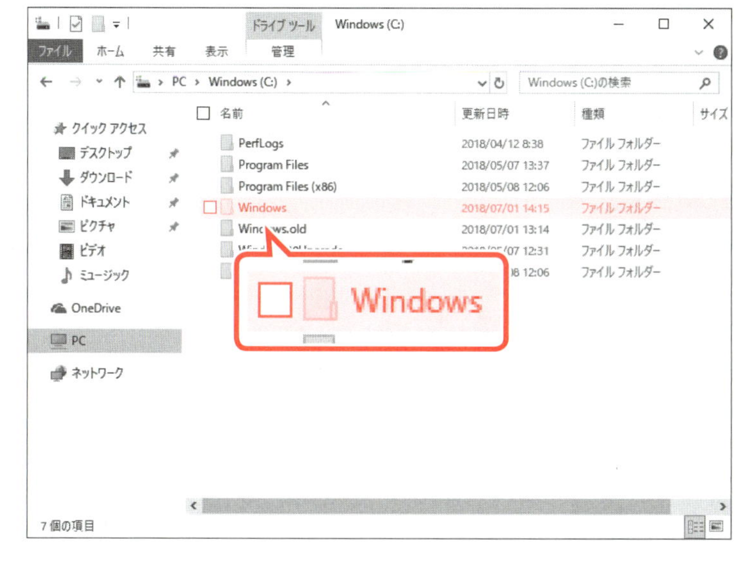

《Windows（C:）》が表示されます。

②《Windows》をダブルクリックします。

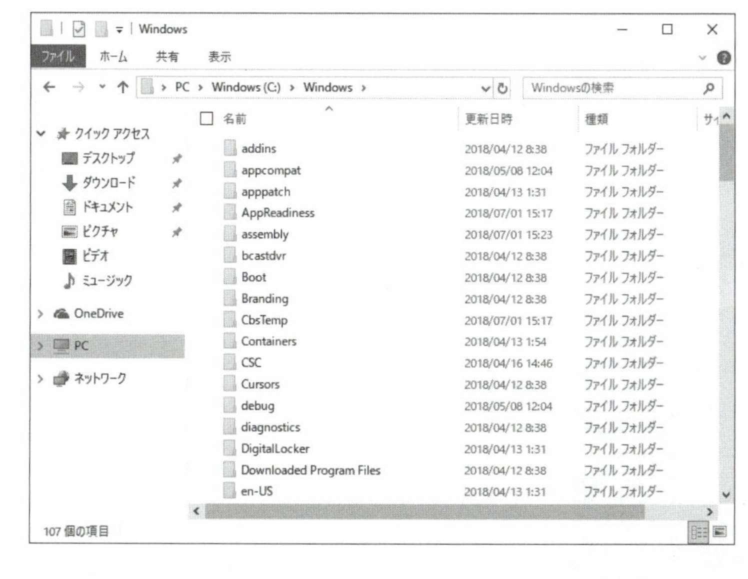

《Windows》が表示されます。

※スクロールして、《Windows》内のフォルダーやファイルを確認しておきましょう。

※ × をクリックし、《Windows》を閉じておきましょう。

Step3 新しいフォルダーを作成しよう

1 新しいフォルダーの作成

作成中のファイルはデスクトップにとりあえず保存するといった使い方をしている人が多いようです。しかし、気が付くとデスクトップがファイルのアイコンでいっぱいになっていることもあります。ファイルをわかりやすく管理するには、**「フォルダー」**を作成し、ファイルを分類して保存するとよいでしょう。例えば、**「趣味」**や**「家計簿」**など、用途ごとに分類しておけば、あとからファイルが探しやすくなります。

デスクトップに、新しく**「絵画クラブ」**という名前のフォルダーを作成し、フォルダー内を表示しましょう。

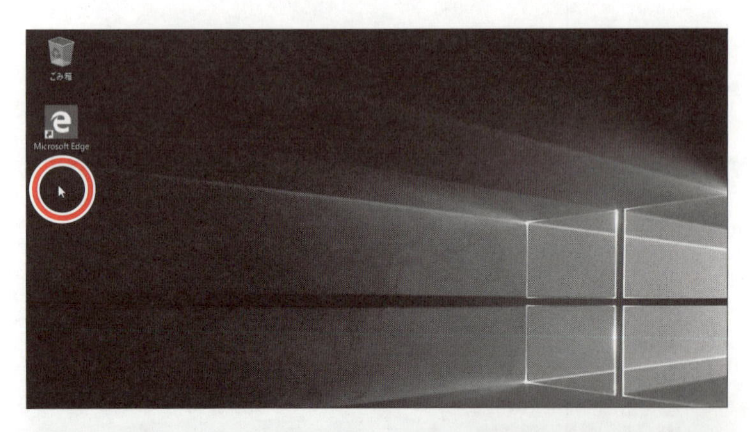

①デスクトップのアイコンがない場所を右クリックします。

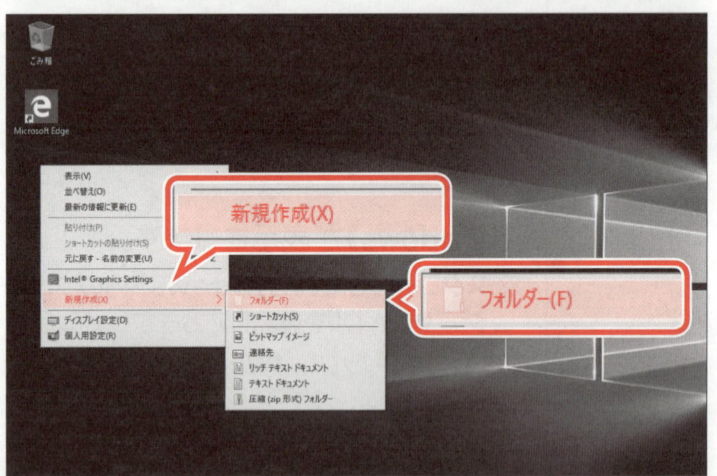

ショートカットメニューが表示されます。

②**《新規作成》**をポイントします。

③**《フォルダー》**をクリックします。

新しいフォルダーが作成されます。

「新しいフォルダー」という名前が自動的に付けられ、反転表示します。

④**「絵画クラブ」**と入力し、Enterを押します。

フォルダーの名前が**「絵画クラブ」**に変わります。

⑤フォルダー**「絵画クラブ」**をダブルクリックします。

フォルダー**「絵画クラブ」**が表示されます。

※作成したばかりのフォルダーなので、ファイルリストには何も表示されません。

※ × をクリックし、フォルダー「絵画クラブ」を閉じておきましょう。

POINT ▶▶▶

ショートカットメニュー

マウスで右クリック、またはタッチで長押ししたときに表示されるメニューを「ショートカットメニュー」といいます。右クリックや長押しする場所によって、表示されるメニューは異なります。ショートカットは日本語で「近道」という意味です。

ファイル名やフォルダー名に使えない記号

ファイル名やフォルダー名には、次の半角の記号は使えません。

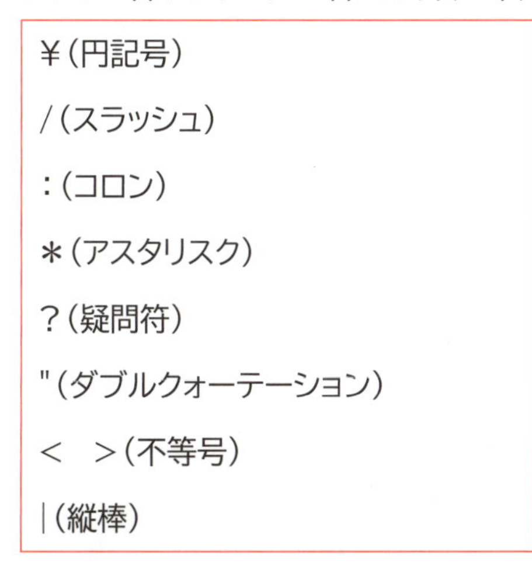

¥（円記号）

/（スラッシュ）

:（コロン）

*（アスタリスク）

?（疑問符）

"（ダブルクォーテーション）

<　>（不等号）

|（縦棒）

Step4 作成したフォルダー内にファイルを保存しよう

1 新しいファイルの作成

ワードパッドを起動して絵画クラブでの確認事項を入力し、フォルダー**「絵画クラブ」**内に**「メモ1」**という名前で保存しましょう。

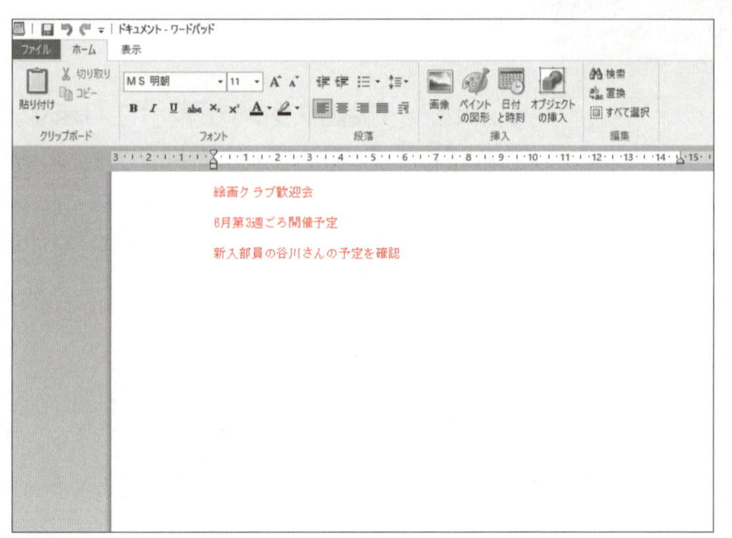

①ワードパッドを起動します。

※ ■(スタート)→《Windowsアクセサリ》→《ワードパッド》をクリックします。

②次のように入力します。

絵画クラブ歓迎会↵
6月第3週ごろ開催予定↵
新入部員の谷川さんの予定を確認

※↵で[Enter]を押して、改行します。

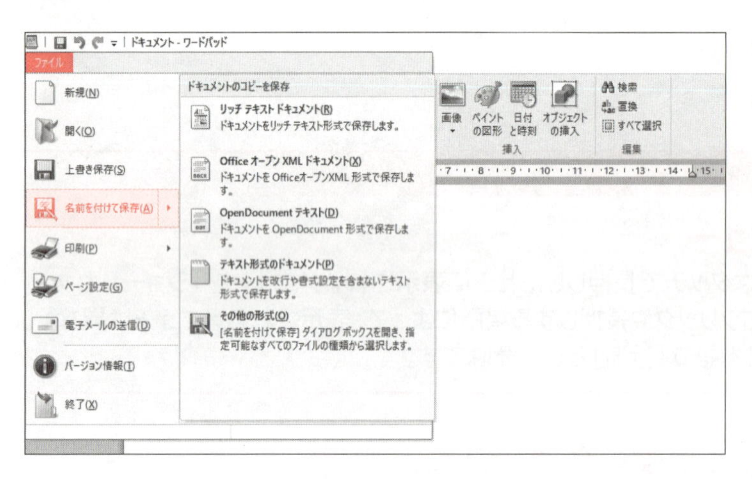

③**《ファイル》**タブを選択します。

④**《名前を付けて保存》**をクリックします。

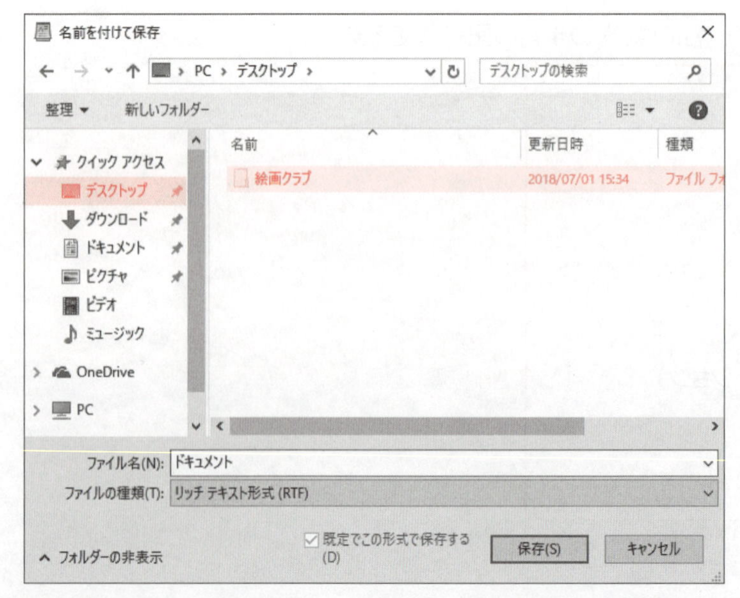

《名前を付けて保存》ダイアログボックスが表示されます。

⑤**《クイックアクセス》**の**《デスクトップ》**をクリックします。

⑥フォルダー**「絵画クラブ」**をダブルクリックします。

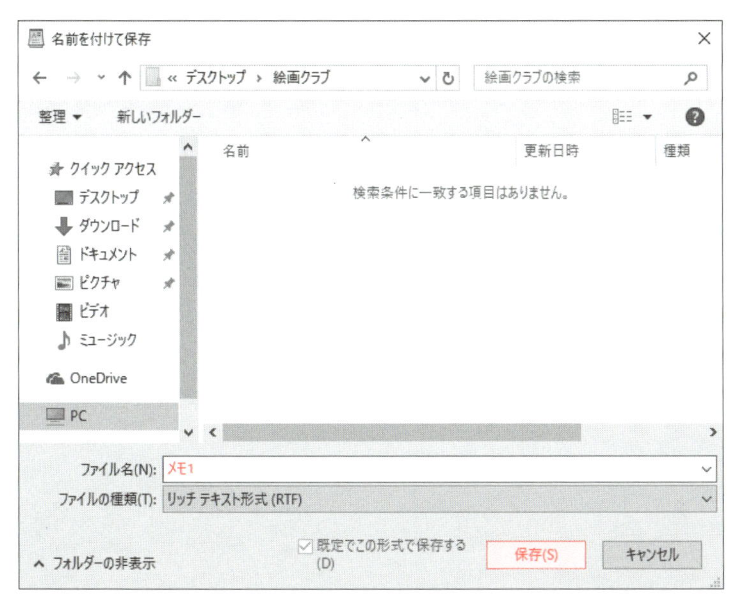

フォルダー**「絵画クラブ」**が表示されます。

⑦**《ファイル名》**に**「メモ1」**と入力します。

⑧**《保存》**をクリックします。

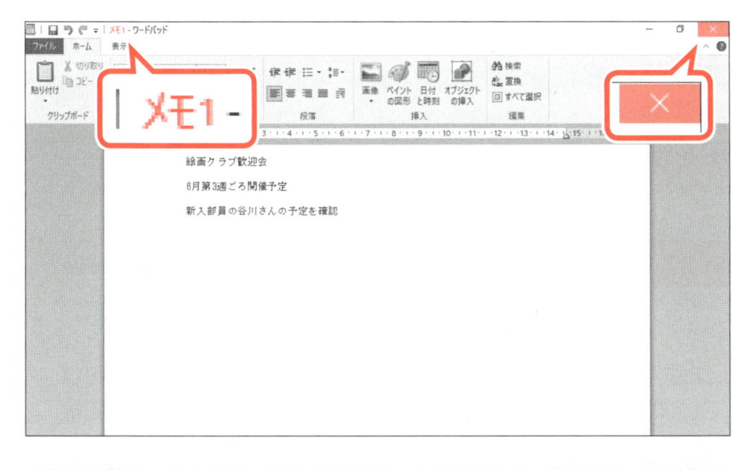

ファイルとして保存されます。

⑨タイトルバーに**「メモ1」**と表示されていることを確認します。

⑩ × をクリックし、ワードパッドを終了します。

⑪フォルダーのアイコンが、空の状態 からファイルが入っている状態 に変わっていることを確認します。

⑫デスクトップのフォルダー**「絵画クラブ」**をダブルクリックします。

フォルダー**「絵画クラブ」**が表示されます。

⑬ファイル**「メモ1」**が表示されていることを確認します。

※お使いのパソコンによって、アイコンの形は異なります。

※ × をクリックし、フォルダー「絵画クラブ」を閉じておきましょう。

Let's Try ためしてみよう

ワードパッドを起動して次のように入力し、フォルダー「絵画クラブ」内に「メモ2」という名前で保存しましょう。

> 関東絵画展↵
> 6月20日、出品応募締め切り

※↵で Enter を押して、改行します。

Let's Try Answer

①ワードパッドを起動
②文字を入力
③《ファイル》タブを選択
④《名前を付けて保存》をクリック
⑤《クイックアクセス》の《デスクトップ》をクリック
⑥フォルダー「絵画クラブ」をダブルクリック
⑦《ファイル名》に「メモ2」と入力
⑧《保存》をクリック
※ × をクリックし、ワードパッドを終了しておきましょう。

POINT ▶▶▶

拡張子

ファイルの名前は、ファイルを保存するときに自分で付ける「ファイル名」と、自動的に付けられる「拡張子」で構成されています。ファイル名と拡張子は「.（ピリオド）」で区切って表されます。

> ○○○○○.△△△
> ファイル名 拡張子

拡張子は、「.（ピリオド）」に続く英数字で、ファイルの種類によって決まっています。
通常、ファイルの拡張子は非表示になっているため、ユーザーは拡張子を意識することがありませんが、パソコンにとっては、ファイルの種類を区別するための重要な役割を果たしています。この拡張子によって、アイコンの絵柄が決まるのです。拡張子を削除すると、ファイルが開かなくなるなどの不具合が発生することがあるので注意しましょう。

アプリ	拡張子
ワードパッド	rtf
Word	docx
Excel	xlsx
写真ファイル	jpg、jpeg　など

2 ファイル名の変更

ファイルやフォルダーの名前は、あとから自由に変更できます。
フォルダー**「絵画クラブ」**のファイル**「メモ1」**を、**「歓迎会連絡」**という名前に変更しましょう。

①デスクトップのフォルダー**「絵画クラブ」**をダブルクリックします。

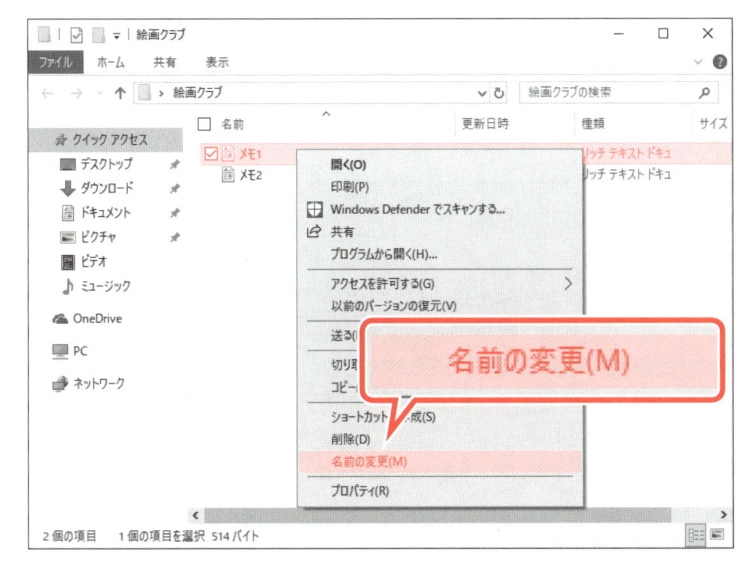

フォルダー**「絵画クラブ」**が表示されます。
②ファイル**「メモ1」**を右クリックします。
ショートカットメニューが表示されます。
③**《名前の変更》**をクリックします。

「メモ1」が反転表示されます。
④**「歓迎会連絡」**と入力し、Enterを押します。

ファイル名が変更されます。

ためしてみよう

ファイル「メモ2」を「絵画展出品」という名前に変更しましょう。

Let's Try Answer

①フォルダー「絵画クラブ」が表示されていることを確認
②ファイル「メモ2」を右クリック
③《名前の変更》をクリック
④「絵画展出品」と入力し、Enter を押す
※ × をクリックし、フォルダー「絵画クラブ」を閉じておきましょう。

POINT ▶▶▶

ファイルの表示方法

フォルダー内のファイルは、大きなアイコンで表示したり、関連情報を詳しく表示したりなど、表示方法を変更できます。ファイルの表示方法には、「特大アイコン」「大アイコン」「中アイコン」「小アイコン」「一覧」「詳細」などがあるので、用途や好みに応じて切り替えるとよいでしょう。
ファイルの表示を変更する方法は、次のとおりです。

◆エクスプローラーでフォルダーを表示→ ⌄ (リボンの展開)→《表示》タブ→《レイアウト》グループの一覧から選択

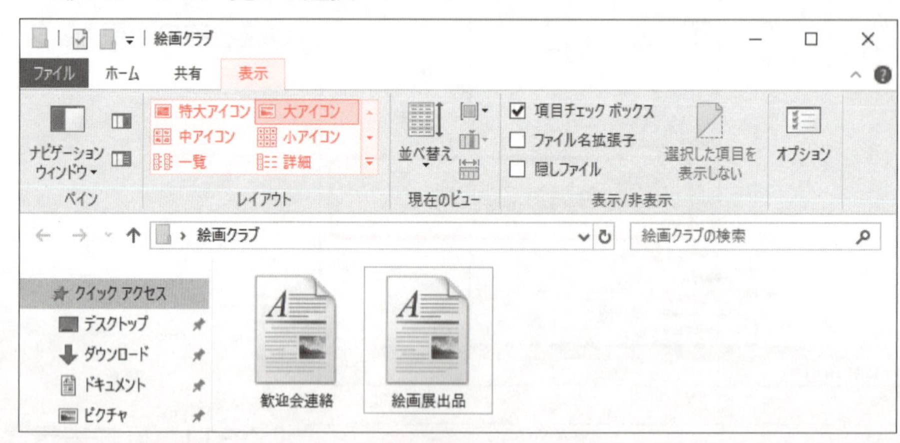

POINT ▶▶▶

ファイルの並べ替え

フォルダー内にファイルが多く、目的のファイルを探しにくいときは、並べ替えの機能を使うと便利です。例えば、ファイルを更新した日付順に並べたり、種類ごとに分類したりすることで、ファイルを見つけやすくなります。
ファイルを並べ替えるには、ファイルの表示方法を《詳細》に変更して、並べ替えの基準となる列見出しの項目名をクリックします。

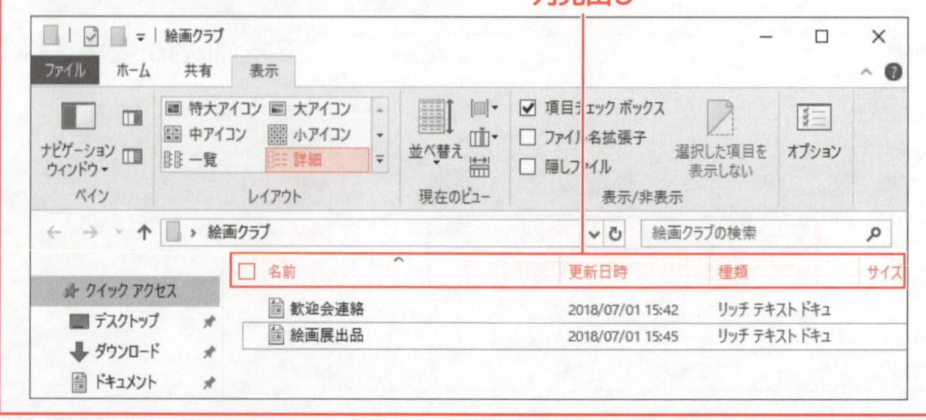

Step5 ファイルやフォルダーをコピー・移動しよう

1 ファイルのコピー

ファイルやフォルダーをコピーするには、**「コピー」**と**「貼り付け」**という2つのステップが必要です。複製したいファイルやフォルダーをコピーして、コピー先の場所に貼り付けます。

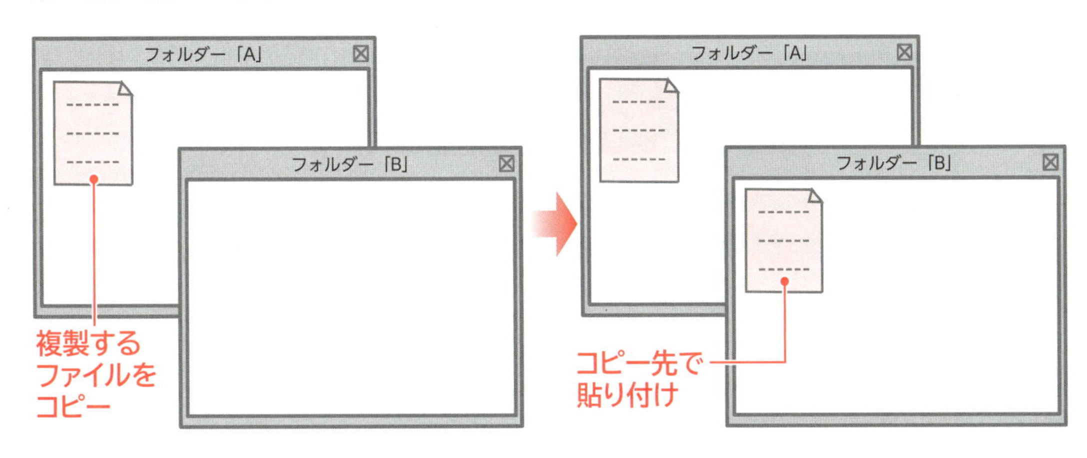

フォルダー**「絵画クラブ」**内のファイル**「歓迎会連絡」**をデスクトップにコピーしましょう。

①デスクトップのフォルダー**「絵画クラブ」**をダブルクリックします。

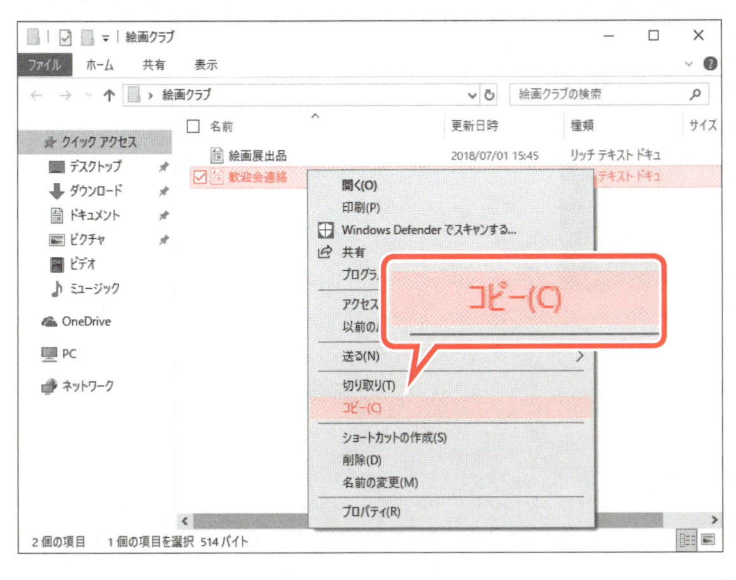

フォルダー**「絵画クラブ」**が表示されます。

②ファイル**「歓迎会連絡」**を右クリックします。

ショートカットメニューが表示されます。

③**《コピー》**をクリックします。

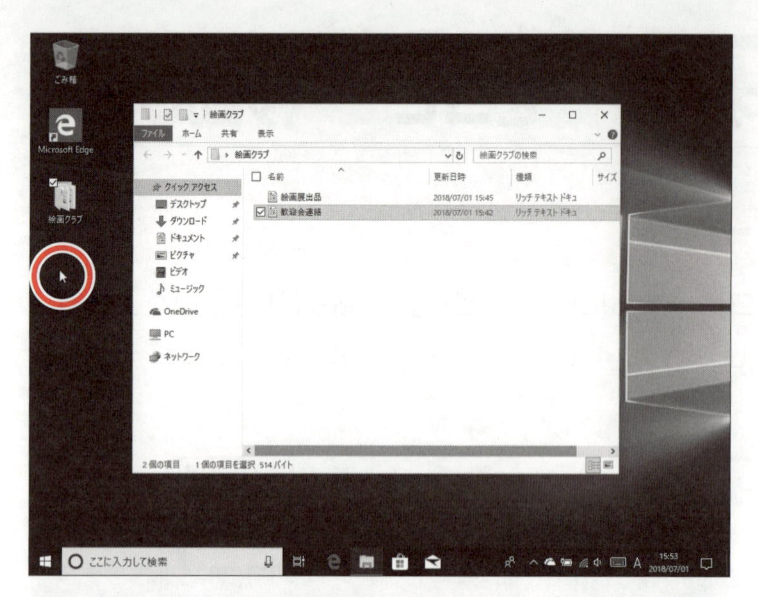

④デスクトップのアイコンがない場所を右クリックします。

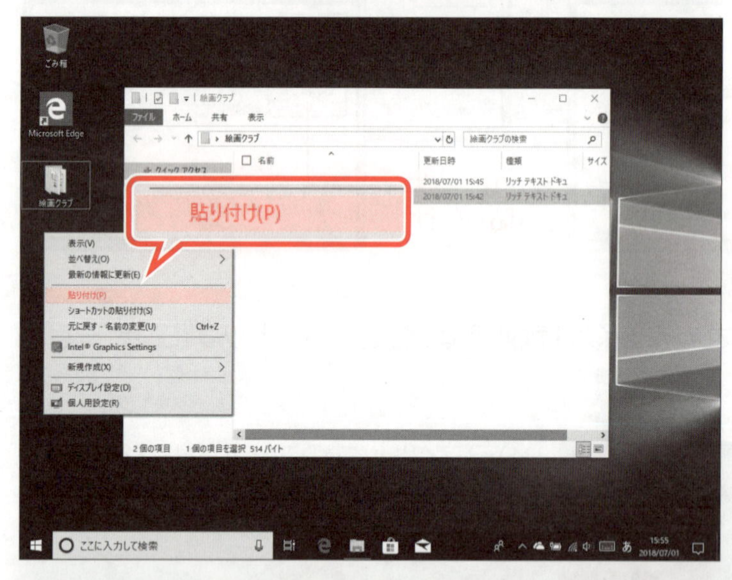

ショートカットメニューが表示されます。

⑤**《貼り付け》**をクリックします。

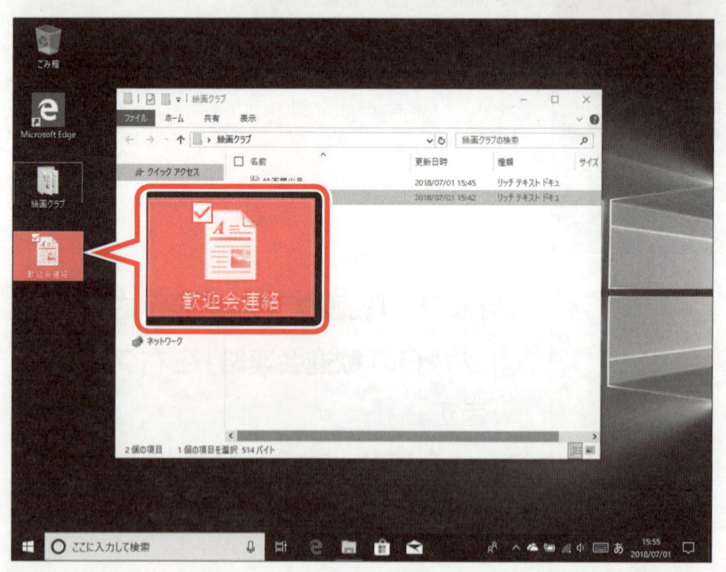

ファイル**「歓迎会連絡」**がデスクトップにコピーされていることを確認します。

※ × をクリックし、フォルダー「絵画クラブ」を閉じておきましょう。

2 フォルダーの移動

ファイルやフォルダーを移動するには、**「切り取り」**と**「貼り付け」**の2つのステップが必要です。移動したいファイルやフォルダーを切り取って、移動先の場所に貼り付けます。

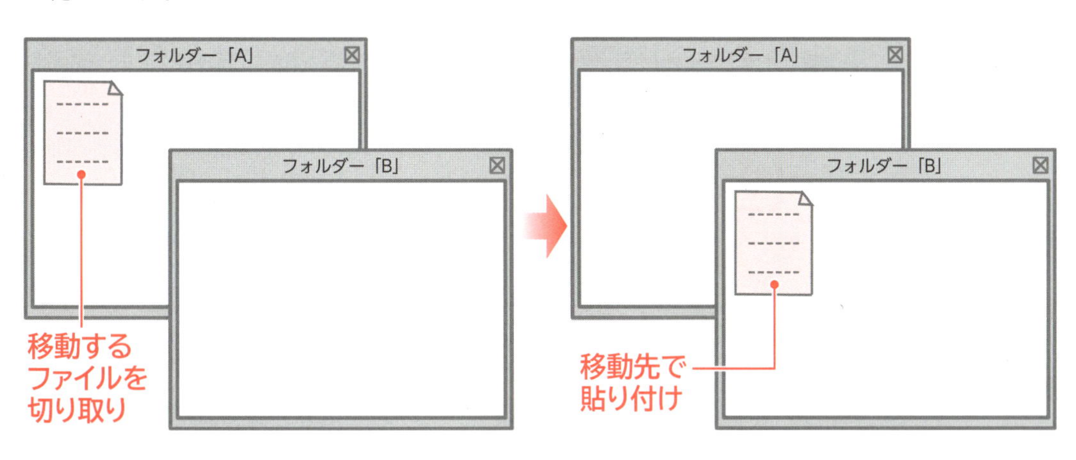

デスクトップのフォルダー**「絵画クラブ」**を**《ドキュメント》**に移動しましょう。

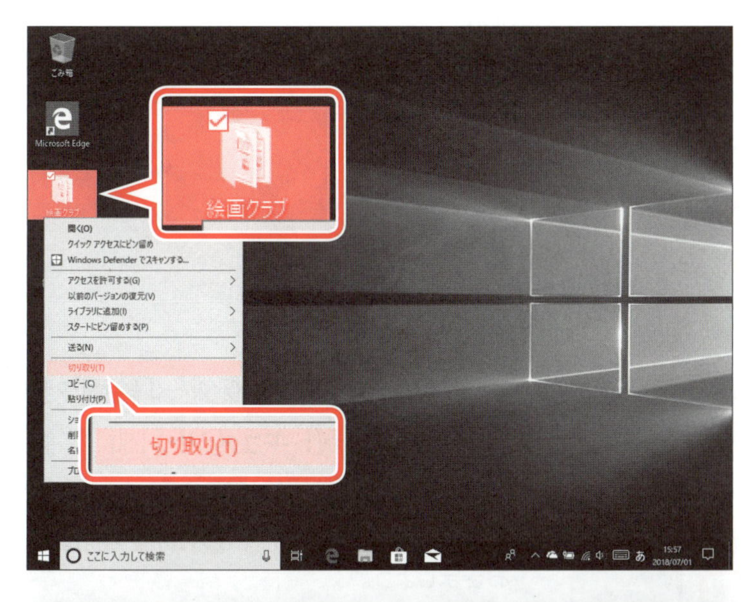

①デスクトップのフォルダー**「絵画クラブ」**を右クリックします。

ショートカットメニューが表示されます。

②**《切り取り》**をクリックします。

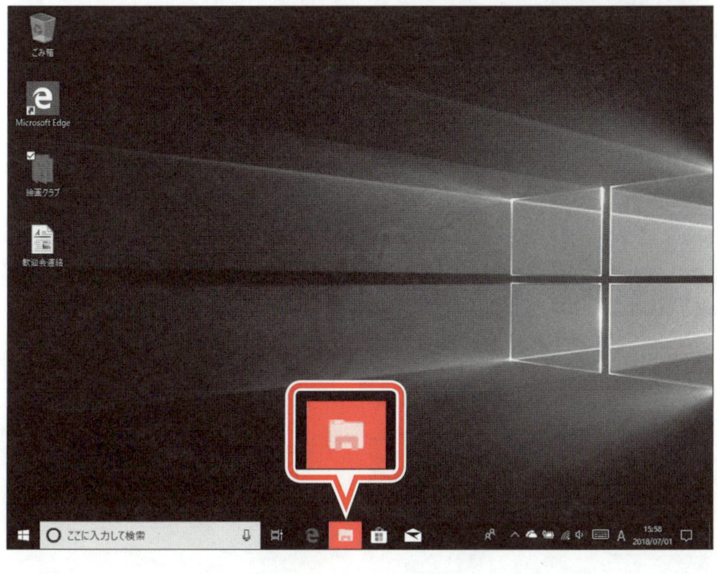

③タスクバーの（エクスプローラー）をクリックします。

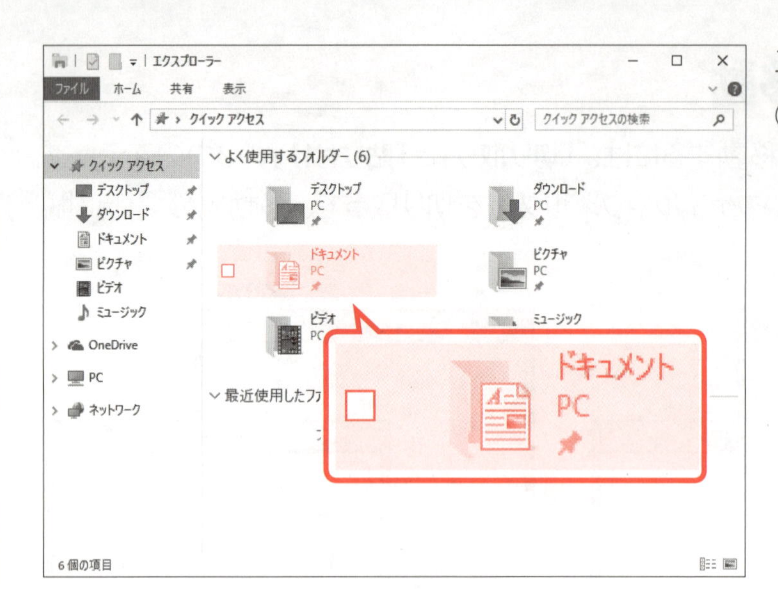

エクスプローラーが起動します。

④**《ドキュメント》**をダブルクリックします。

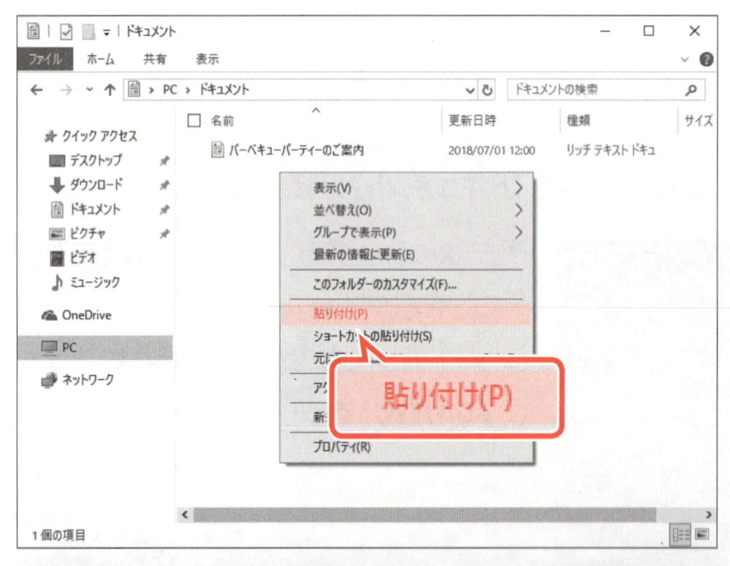

《ドキュメント》が表示されます。

⑤ウィンドウ内の空白の場所を右クリックします。

ショートカットメニューが表示されます。

⑥**《貼り付け》**をクリックします。

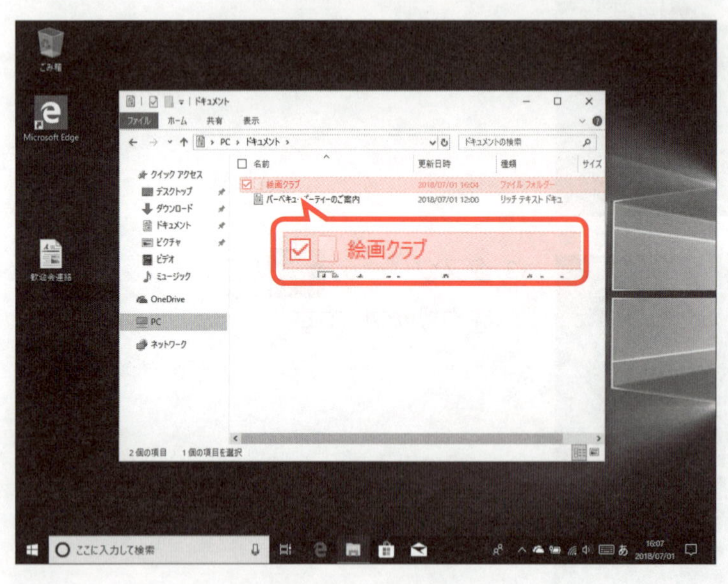

デスクトップからフォルダー**「絵画クラブ」**がなくなり、**《ドキュメント》**内に移動していることを確認します。

※ × をクリックし、《ドキュメント》を閉じておきましょう。

Step6 不要なファイルを削除しよう

1 ごみ箱とは

パソコン内のファイルは、誤って削除することを防ぐために、2段階の操作で完全に削除されます。
ファイルを削除すると、いったん**「ごみ箱」**に入ります。ごみ箱は、削除されたファイルを一時的に保管しておく場所です。ごみ箱にあるファイルはいつでも復元して、元に戻すことができます。ごみ箱からファイルを削除すると、完全にファイルはなくなり、復元できなくなります。十分に確認した上で、削除の操作を行いましょう。

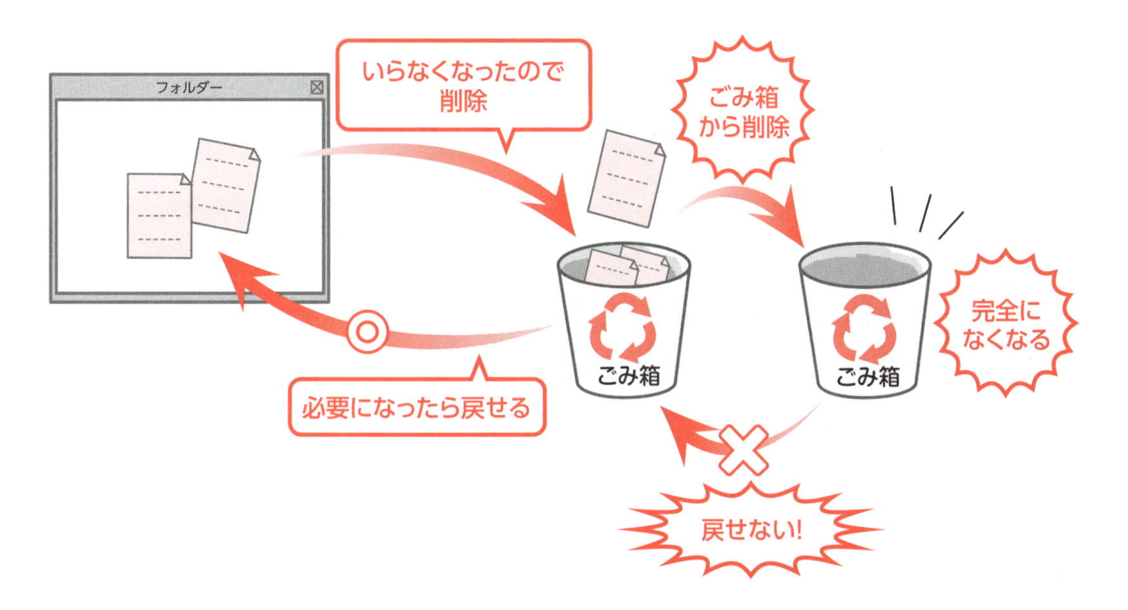

POINT ▶▶▶

ごみ箱のアイコン

ごみ箱のアイコンは、状態によって絵柄が異なります。

●ごみ箱が空の状態

●ごみ箱にファイルが入っている状態

2 ファイルの削除

デスクトップのファイル「**歓迎会連絡**」を削除しましょう。

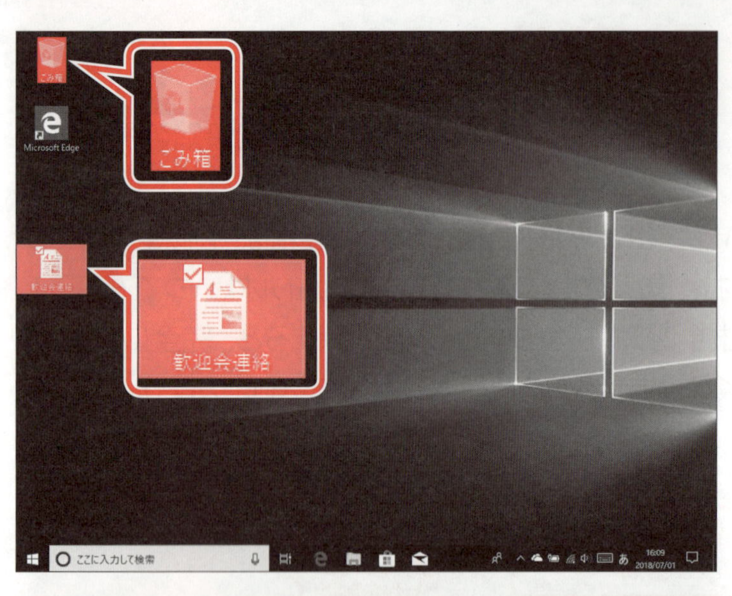

①**《ごみ箱》**が空の状態 で表示されていることを確認します。

②ファイル「**歓迎会連絡**」をクリックします。

③ Delete を押します。

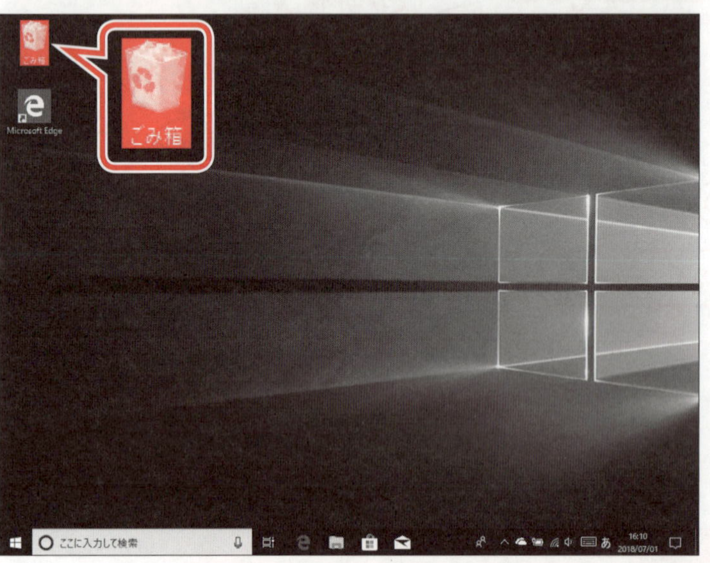

デスクトップからファイル「**歓迎会連絡**」が削除されます。

④**《ごみ箱》**がファイルが入っている状態 に変わっていることを確認します。

POINT ▶▶▶

ごみ箱に入るファイル

削除してごみ箱に入るのは、パソコン内のハードディスクのファイルだけです。
USBメモリなど、持ち運びできる媒体に保存されているファイルは、ごみ箱に入らず、すぐに削除されます。いったん削除すると、もとに戻せないので、十分に注意しましょう。

3　ごみ箱の中を確認する

削除したファイルがごみ箱に入っていることを確認しましょう。

①**《ごみ箱》**をダブルクリックします。

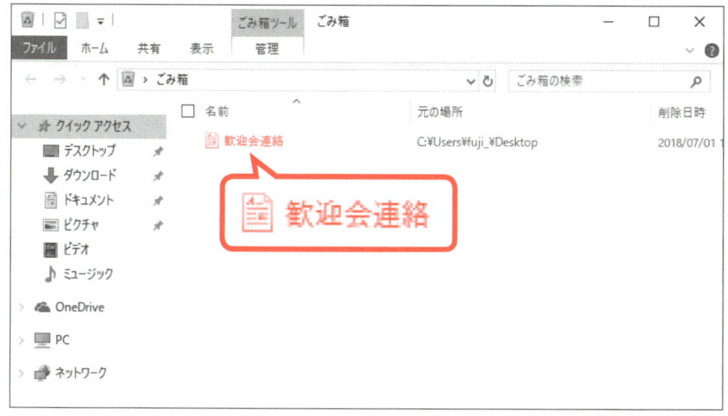

《ごみ箱》が表示されます。

②ファイル**「歓迎会連絡」**が表示されていることを確認します。

POINT ▶▶▶

ごみ箱のファイルを元に戻す

ごみ箱に入っているファイルを元に戻す方法は、次のとおりです。

◆《ごみ箱》をダブルクリック→元に戻すファイルを右クリック→《元に戻す》

4　ごみ箱を空にする

ごみ箱を空にして、ごみ箱に入っているファイルを完全に削除しましょう。

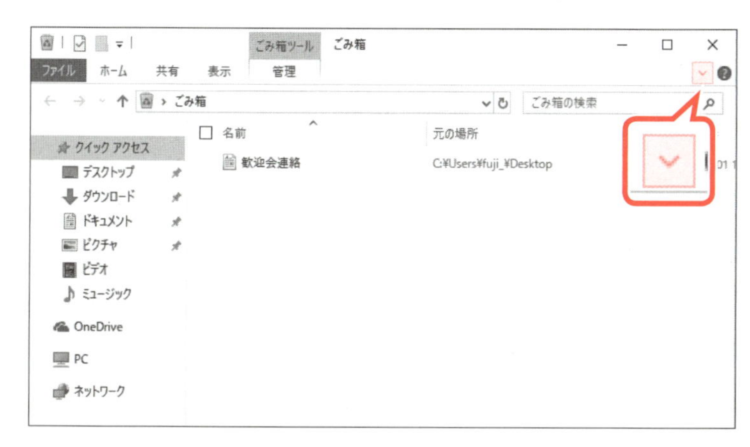

①**《ごみ箱》**が表示されていることを確認します。

②［﹀］（リボンの展開）をクリックします。

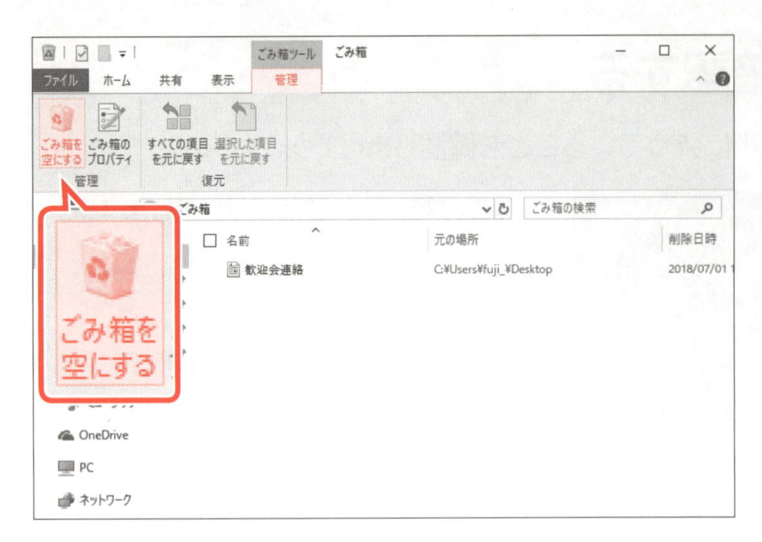

リボンが展開されます。

③《管理》タブを選択します。

④《管理》グループの（ごみ箱を空にする）をクリックします。

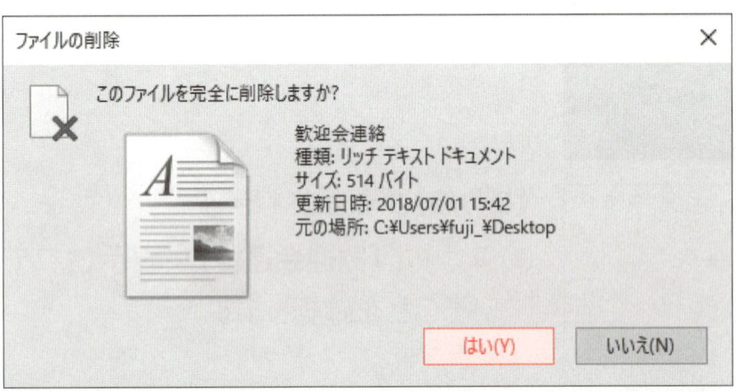

《ファイルの削除》が表示されます。

⑤《はい》をクリックします。

《ごみ箱》内からすべてのファイルが削除されます。

⑥デスクトップの《ごみ箱》が空の状態に変わっていることを確認します。

※ （リボンの最小化）をクリックし、リボンの表示をもとに戻しておきましょう。

※ をクリックし、《ごみ箱》を閉じておきましょう。

ファイルをひとつずつ削除する

ファイルをひとつずつ指定して削除する方法は、次のとおりです。

◆（ごみ箱）をダブルクリック→不要なファイルを選択→Delete→《はい》

参考学習

大切なファイルをバックアップしよう

1 バックアップとは

「**バックアップ**」とは、機械の故障に備えて、データをほかの記憶装置に複製することです。
ハードディスク内に大切なデータを保存していた場合、パソコンが起動しなくなってしまったら、データを取り出すことができなくなってしまいます。
万が一の事態に備えて、CDやDVDなどの媒体に、大切なデータを定期的にバックアップしておくとよいでしょう。

2 DVDへのバックアップ

フォルダー「**絵画クラブ**」の内容をDVDに書き込んで、バックアップしましょう。
※DVDにデータを書き込むには、DVD-RW（ディーブイディー・アールダブリュー）ドライブなどの専用のドライブが必要です。
※ここでは、フォーマットされていない新品のDVDを使用した場合の操作方法を記載しています。

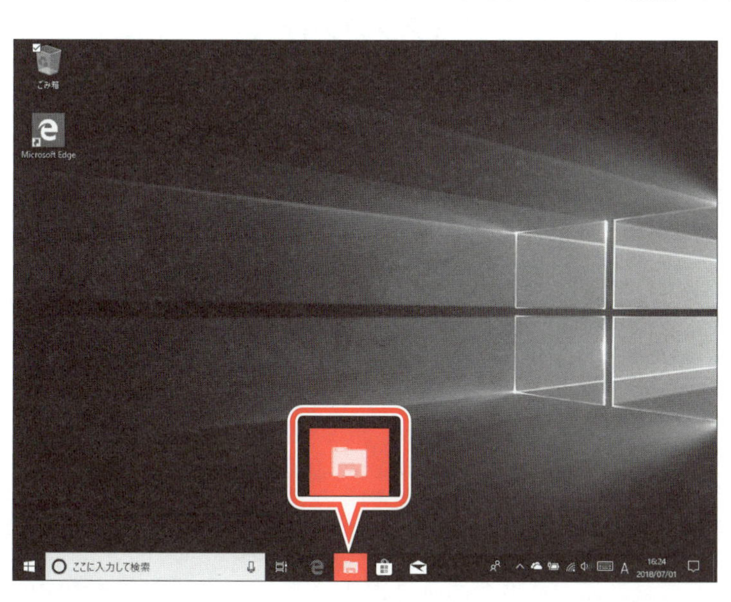

①未使用のDVDをパソコンのDVDドライブにセットします。
※画面の右下に《DVD RWドライブ（D:）》が表示される場合は、枠内をポイントし、×をクリックしておきましょう。
※ご使用のパソコンによって、ドライブ名が異なる場合があります。
②タスクバーの（エクスプローラー）をクリックします。

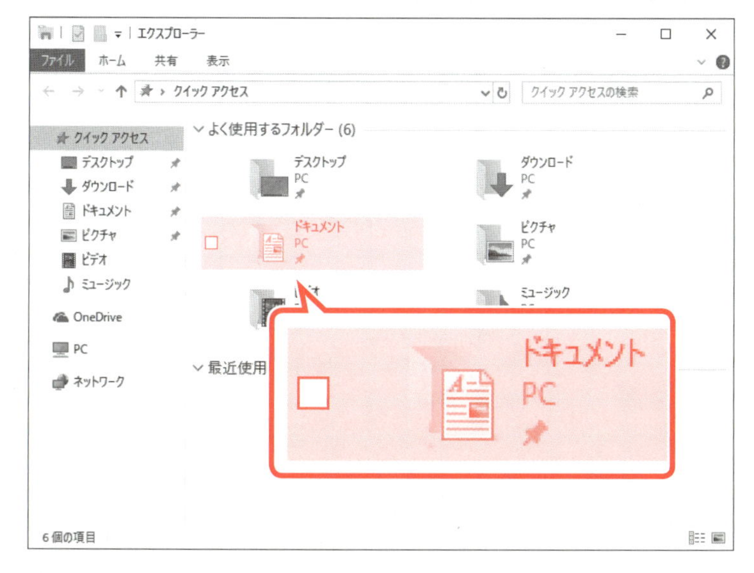

エクスプローラーが起動します。
③《**ドキュメント**》をダブルクリックします。

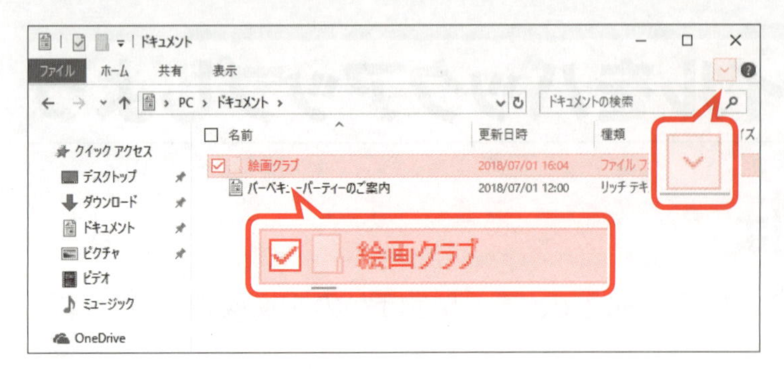

《ドキュメント》が表示されます。

④フォルダー**「絵画クラブ」**をクリックします。

⑤ (リボンの展開)をクリックします。

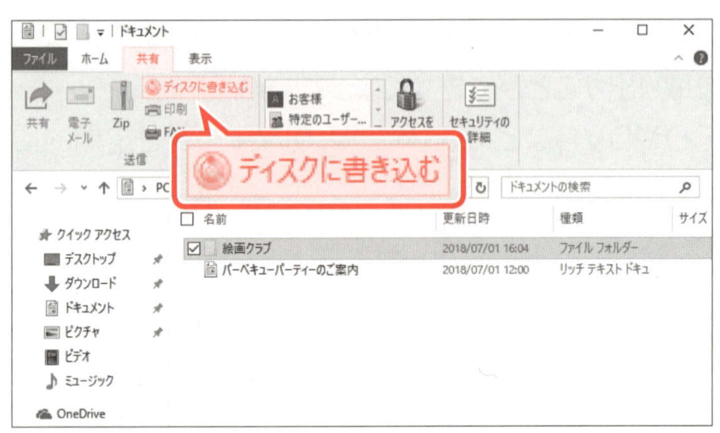

リボンが展開されます。

⑥**《共有》**タブを選択します。

⑦**《送信》**グループの ディスクに書き込む (ディスクに書き込む)をクリックします。

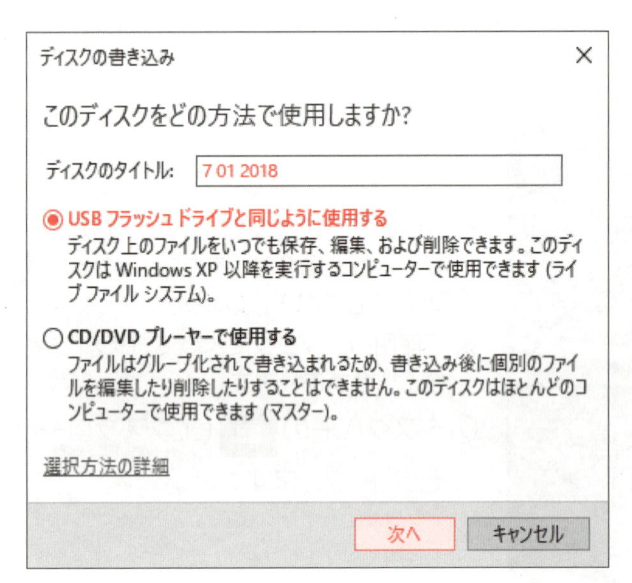

《ディスクの書き込み》が表示されます。

⑧**《ディスクのタイトル》**に本日の日付が表示されていることを確認します。

※変更する場合はタイトルを入力します。

⑨**《USBフラッシュドライブと同じように使用する》**が◉になっていることを確認します。

⑩**《次へ》**をクリックします。

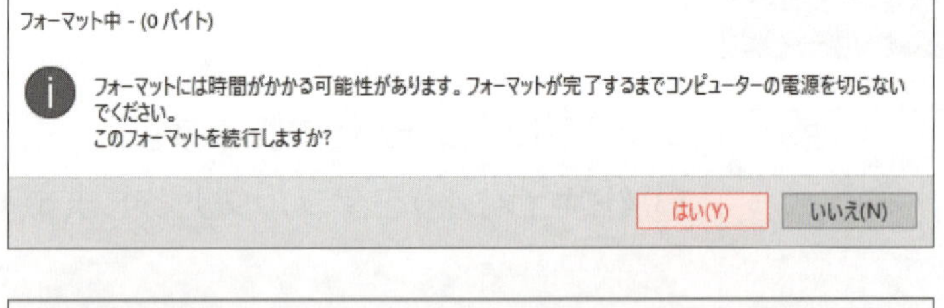

⑪**《はい》**をクリックします。

※お使いの媒体によって、表示される内容は異なります。

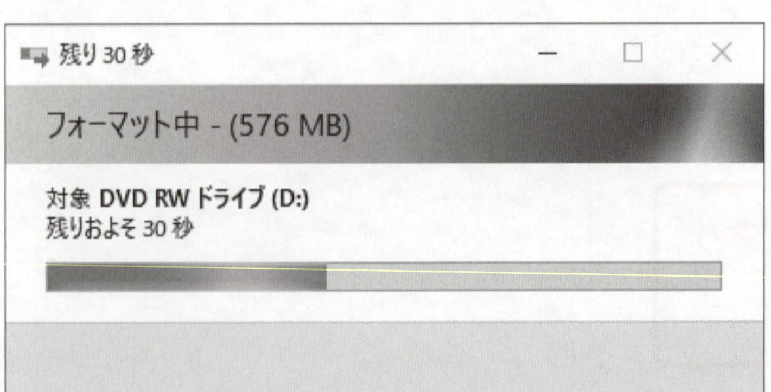

《フォーマット中》が表示され、DVDのフォーマットが開始されます。

《DVD RWドライブ(D:)》が表示されます。

⑫**《DVD RWドライブ(D:)》**にフォルダー**「絵画クラブ」**が書き込まれていることを確認します。

※フォルダー「絵画クラブ」が正しく表示されない場合は、ナビゲーションウィンドウの《DVD RWドライブ(D:)》をクリックします。

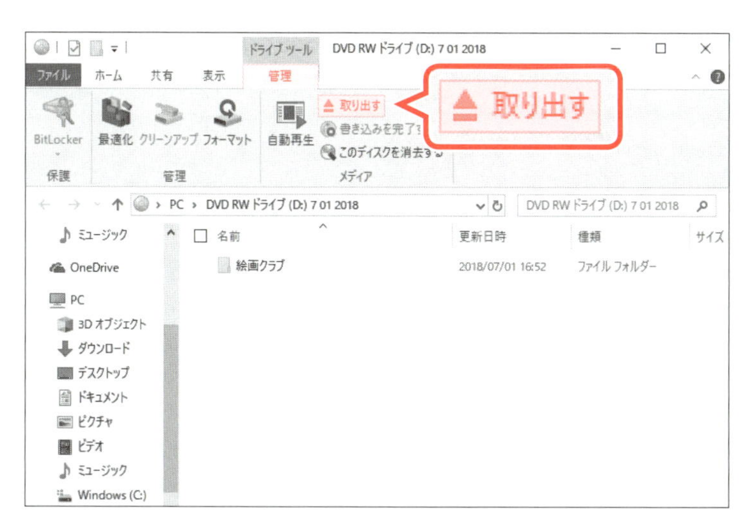

⑬**《管理》**タブを選択します。

⑭**《メディア》**グループの ▲取り出す (取り出す)をクリックします。

※《取り出しの準備中》が表示されます。

しばらくすると、**《DVD RWドライブ(D:)》**が閉じられ、DVDドライブが自動的に開かれます。

※ (リボンの最小化)をクリックし、リボンの表示をもとに戻しておきましょう。

※ をクリックし、《ドキュメント》を閉じておきましょう。

POINT ▶▶▶

フォーマット

「フォーマット」とは、新しいCDやDVDなどにデータを保存するための部屋のような区切り(区画)を作る処理のことをいいます。日本語では「初期化」といいます。
CD-RW、DVD-RWなど、何度でも書き替えできるディスクの場合には、データを書き込んだあとに、再度フォーマットしてしまうと、すべてのデータが削除されるので注意が必要です。

3 バックアップしたDVDの確認

バックアップしたDVD内のデータを確認しましょう。

①データをバックアップしたDVDをパソコンにセットします。

※画面の右下に《DVD RWドライブ(D:)》が表示される場合は、枠内をポイントし、 をクリックしておきましょう。

②タスクバーの (エクスプローラー)をクリックします。

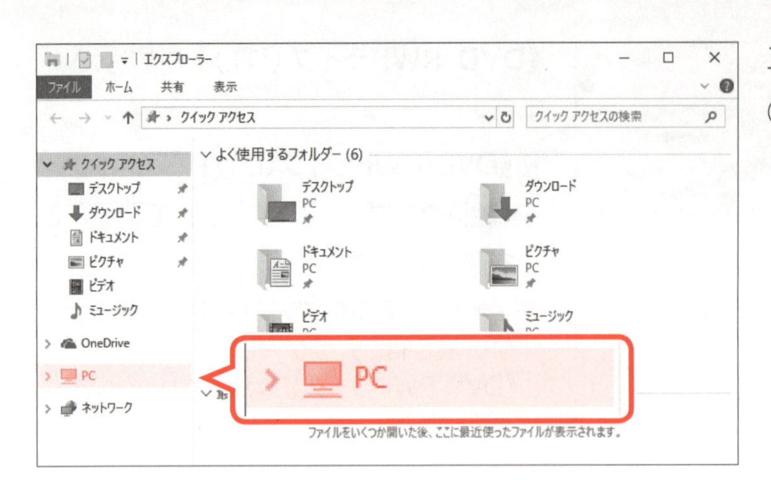

エクスプローラーが起動します。

③**《PC》**をクリックします。

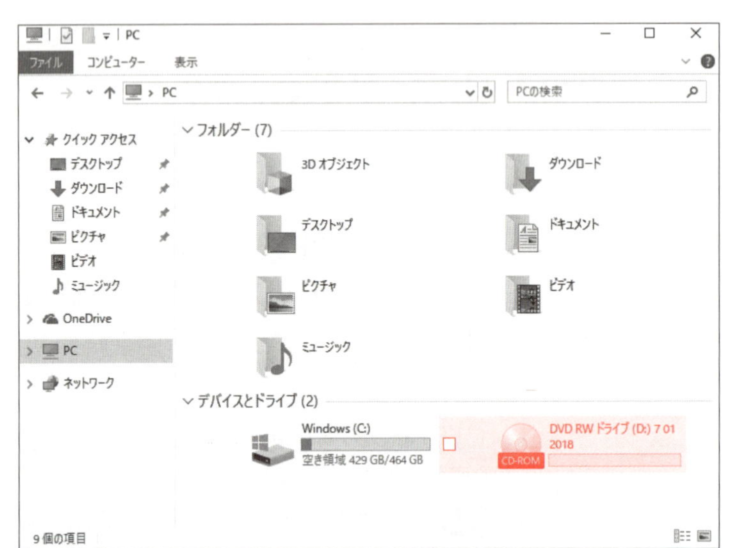

《PC》が表示されます。

④**《DVD RWドライブ(D:)》**をダブルクリックします。

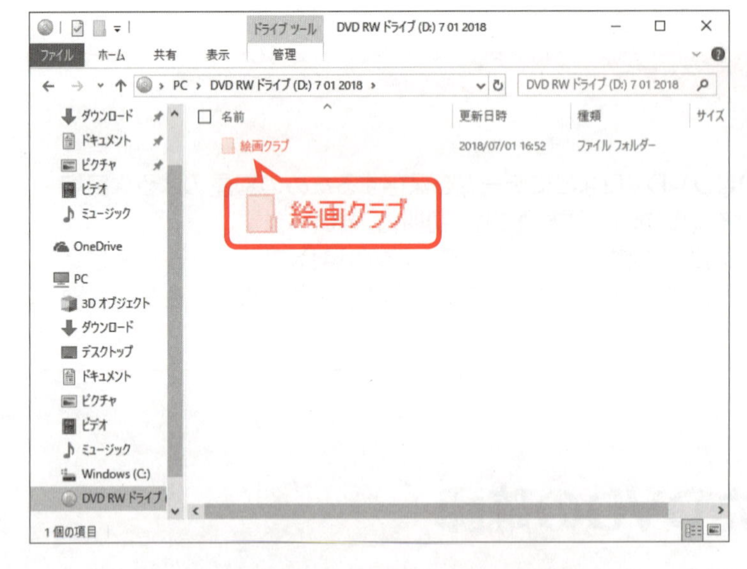

《DVD RWドライブ(D:)》が表示されます。

⑤フォルダー**「絵画クラブ」**が表示されていることを確認します。

※パソコンからDVDを取り出しておきましょう。

DVDに追記する

DVD-RやDVD-RWには、空き容量がある限りデータを追記できます。
データを追記するには、エクスプローラーを使って、ファイルやフォルダーをコピーします。

DVDから削除する

DVD-RやDVD-RWに書き込んだデータは【Delete】で削除できます。しかし、ごみ箱には入らないため、間違って削除してももとに戻せません。操作には注意が必要です。

よくわかる

第6章 Chapter 6

インターネットで情報を収集しよう

Step 1 インターネットとは?

1 インターネットとは

コンピューター同士をつなぎ、お互いに情報をやりとりできるようにしたものを**「ネットワーク」**といいます。このネットワーク同士がさらにつながり、地域や国をまたいで世界中がつながった巨大なネットワークが**「インターネット」**です。
世界中に広がるインターネットには、便利で楽しいホームページが満載です。インターネットを使えば、知りたい情報を一瞬にして集めることができます。そして、時間や空間の壁を越えて、24時間いつでもどこにいても、世界中の人々と情報をやり取りすることもできます。

POINT ▶▶▶

ホームページ

インターネット上に公開された情報を「ホームページ」といいます。
ほとんどの場合、複数のホームページがひとつにまとまった形で提供されていて、これを「Web（ウェブ）サイト」または「サイト」といいます。Webサイトは、その中のホームページ間を自由に行き来できるようになっています。
また、個々のホームページのことを「Webページ」、入口にあたるホームページを「トップページ」と呼ぶこともあります。
本書では、総称して「ホームページ」と表現しています。

2 インターネットでできること

インターネットで、具体的にどんなことができるのか確認しましょう。

1 乗り換え案内や周辺地図を調べる

目的地までの乗り換え案内や周辺地図を調べたり、電車や飛行機の運行状況を調べたりすることができます。慣れない場所へ行くことになっても、インターネットで調べておけば安心です。

●駅探（乗り換え案内）
https://ekitan.com/

●Google マップ
https://google.co.jp/maps/

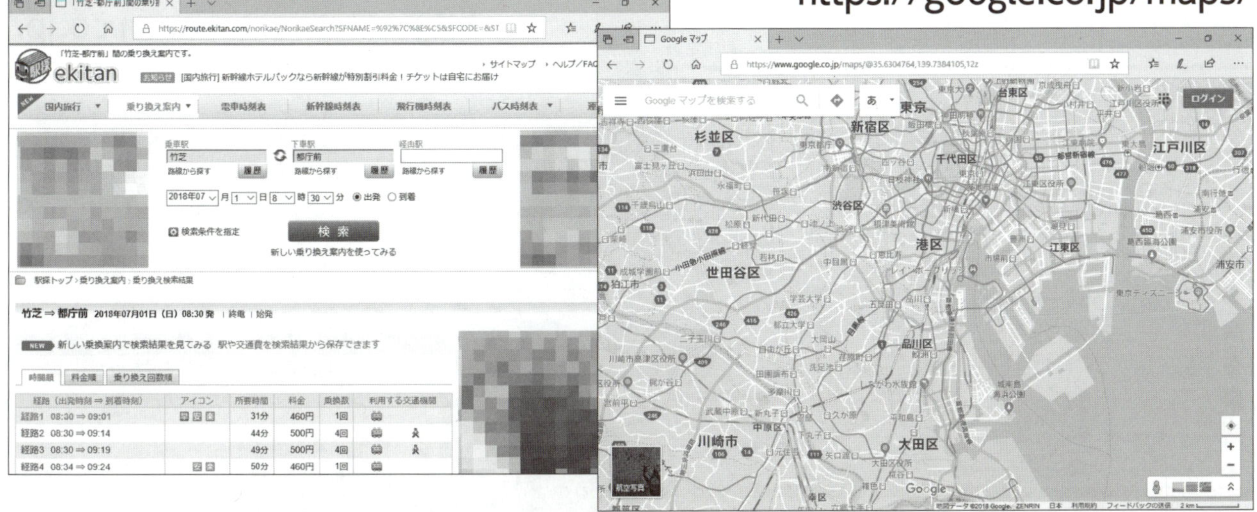

2 インターネットショッピングやネットオークションを楽しむ

忙しくて営業時間内にお店に行けないときや、気になるお店なのに遠くて行けないとき、そのお店がインターネットに出店していれば、いつでもどこからでもショッピングを楽しめます。
また、ネットオークションにはさまざまなものが出品されているので、見るだけでも十分楽しめます。意外な掘り出し物が見つかったり、自分でも出品してみたくなったりするかもしれません。

●楽天市場
https://www.rakuten.co.jp/

●ヤフオク!
https://auctions.yahoo.co.jp/

3 欲しい商品の情報を収集する

欲しい商品があるときは、商品の価格相場を調べたり、最も安く購入できるお店を探したりできるホームページを活用するとよいでしょう。
また、商品を使っている人の口コミが掲載されているホームページもあります。商品を購入する前の下調べに役立ちます。

●価格.com
http://kakaku.com/

●Amazon.co.jp
https://www.amazon.co.jp/

4 音楽や映像を楽しむ

インターネット上には多くの動画が配信されており、映画やドラマ、ニュースなども動画で見ることができます。また、AMやFMなどのラジオ放送をパソコンで聞くこともできます。

●Amazon Prime Video
https://www.amazon.co.jp/primevideo

●ラジコ
http://radiko.jp/

5 いろいろな人の意見を聞く

たくさんの人がインターネットを利用しています。その中にはパソコンやインターネットだけでなく、いろいろな分野に詳しい人もいます。わからないことや相談にのって欲しいことがあれば、その分野に詳しい人たちに質問できるホームページを利用するとよいでしょう。

●OKWAVE

https://okwave.jp/

●Yahoo!知恵袋

https://chiebukuro.yahoo.co.jp/

6 SNSでほかのユーザーと交流を楽しむ

「SNS」とは、インターネット上でユーザー同士がコミュニケーションを取り合い、その交流関係をサポートするホームページの総称です。よく使われているSNSには、**「Facebook」**や**「Twitter」**などがあります。
Facebookは、現実の知り合い同士がインターネット上で交流したり、趣味や出身校などが同じユーザーが知り合いになったりする場として利用されています。
Twitterは、ユーザーがつぶやいた記事を、見知らぬ他のユーザーが読んだり返信したりすることで、新しいコミュニケーションが生まれる場として利用されています。

●Facebook

●Twitter

7 ブログで気軽に情報発信する

「ブログ」とは、日記のような形式で書き込んでいくホームページのことです。書き込んだ内容に対して、コメントを受け付けることができ、共通の趣味をもつ仲間同士で情報を交換するのによく使われています。

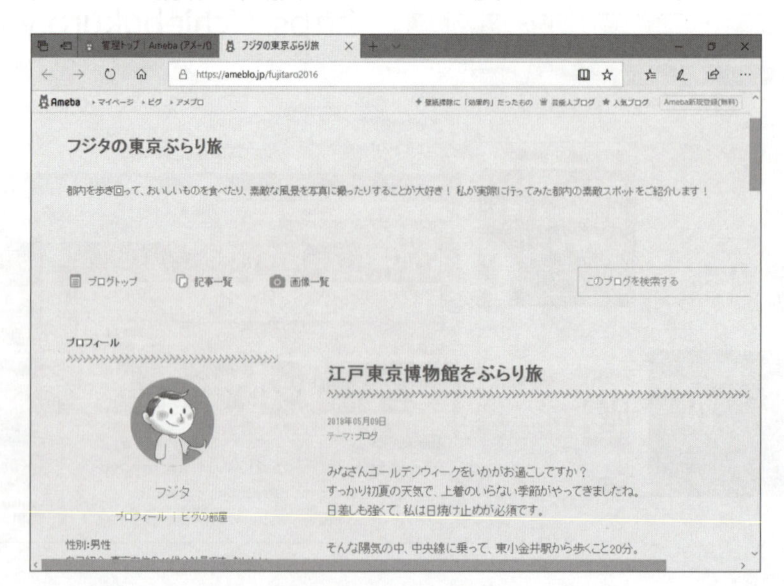

銀行や証券会社のサービスの利用

インターネットでは、振込や残高照会などの銀行のサービスを利用したり、株式を売買したりすることもできます。わざわざ銀行や証券会社まで出向かなくても、自宅でパソコンやスマートフォンなどからほぼ24時間利用でき、窓口取引より手数料が抑えられるというメリットがあります。
インターネットを利用した、銀行との取引サービスを「インターネットバンキング」、証券会社との取引サービスを「オンライントレーディング」といいます。

3 インターネット接続の準備

インターネットに接続するために必要な準備を確認しましょう。

1 プロバイダーとの契約

個人でインターネットを利用するためには、インターネットに接続するサービスを提供している会社と契約する必要があります。この会社のことを**「プロバイダー」**または**「インターネットサービスプロバイダー(ISP)」**といいます(以下**「プロバイダー」**と記載)。自宅のパソコンとインターネットをつなぐ役割を果たしてくれるものです。

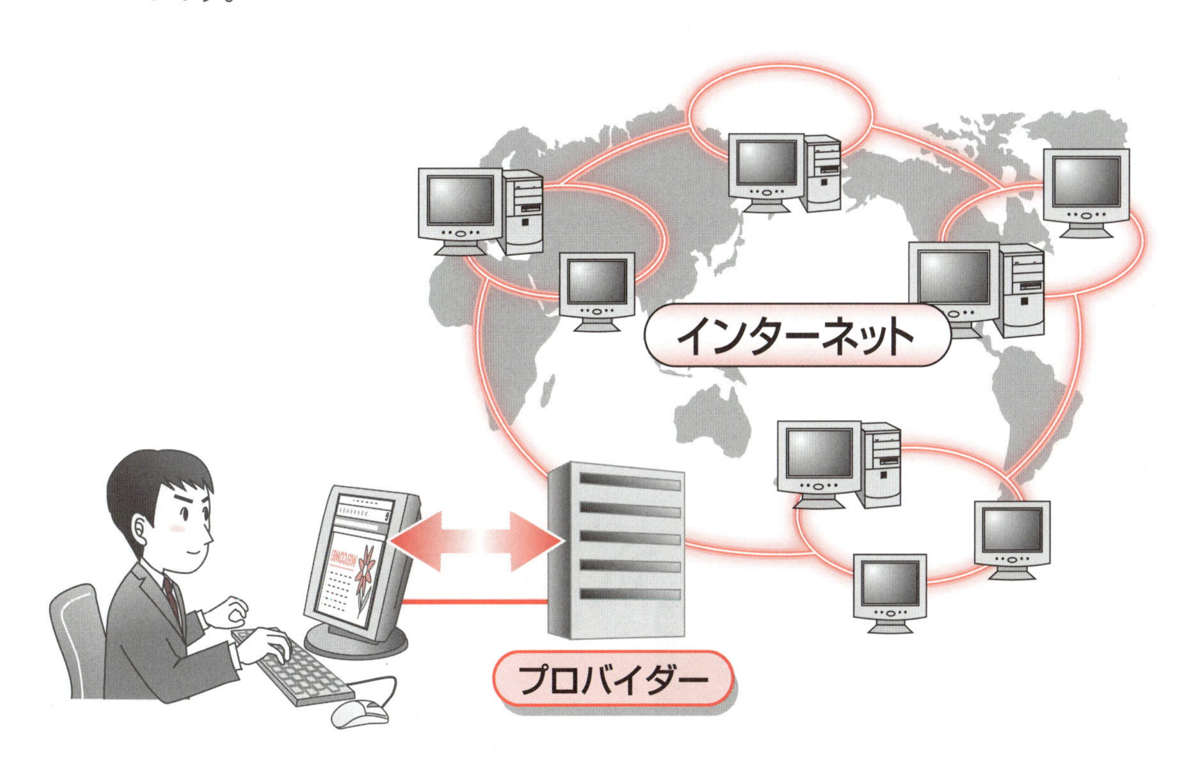

日本国内には多数のプロバイダーがあり、それぞれ対応している通信回線や料金体系、サービス内容などが異なります。
次のような点を比較して、プロバイダーを選択しましょう。

- **●対応する通信回線**
- **●通信速度**
- **●料金体系**
- **●サービス内容**
- **●サポート体制**

2 通信回線業者との契約

自宅のパソコンをプロバイダーに接続するには、通信回線が必要です。通信回線には、**「光ファイバー」**や**「ケーブルテレビ」**などの種類があります。
通信回線の種類が決まったら、その通信回線を提供している通信回線業者と契約する必要があります。なかには、通信回線業者とプロバイダーが一体化してサービスを提供している場合もあります。契約手続きや毎月の料金の請求が一括で行われるので便利です。

Wi-Fiを利用したモバイル通信

最近では、自宅でも外出先でもWi-Fi（ワイファイ）を利用してインターネットを使う人が増えています。Wi-Fiとは、パソコンやスマートフォン、タブレット、ゲーム機器、テレビなど、ネットワーク接続に対応した機器を、無線（ワイヤレス）で接続することです。
「モバイルWi-Fiルータ」を使うと、ケーブルなしで自宅や外出先などでインターネットを利用できます。モバイルWi-Fiルータは、コンパクトで持ち運びが容易なうえ、高速通信が可能であるのが特徴です。モバイルWi-Fiルータは、購入することも、インターネット回線事業者からレンタルすることもできます。

3 周辺機器の用意

インターネットに接続するには、パソコンのほかに周辺機器が必要です。通信回線によって、必要な機器が異なるのでプロバイダーや通信回線業者に確認しましょう。

●光ファイバーの場合

回線終端装置

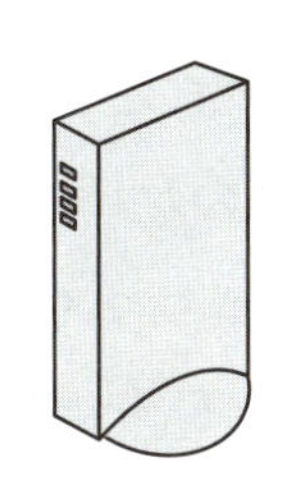

LAN（ラン）ケーブル

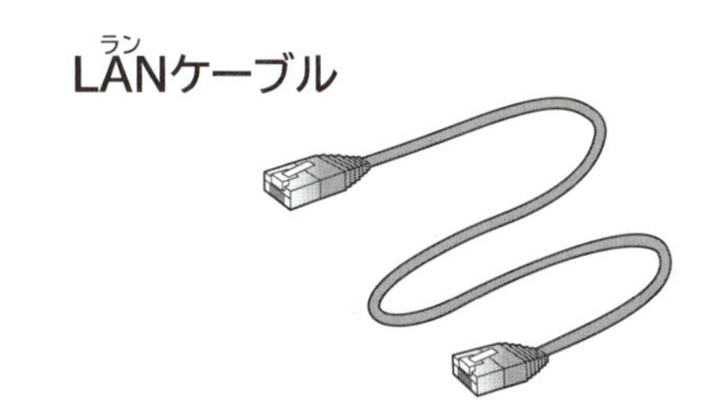

STEP UP 無線LAN（ラン）ルータ

無線LANルータとは、パソコンやスマートフォンなどのWi-Fi対応機器をインターネットに接続するための機器のことです。ケーブルを使わずに通信できるので、電波の届く場所なら家中どこからでもインターネットに接続でき、複数の機器に同時に接続することも可能です。

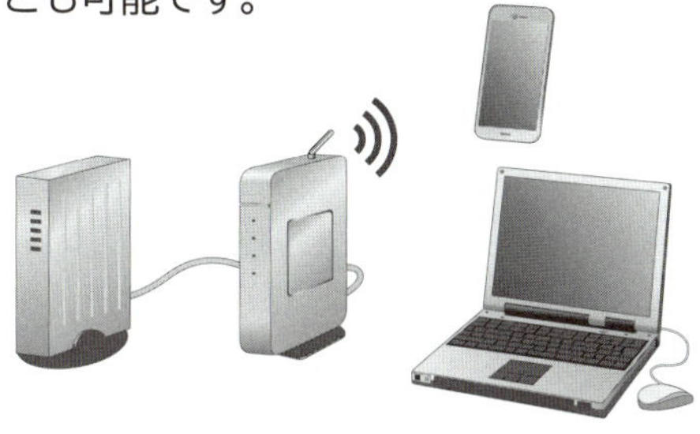

4 ソフトウェアの用意

インターネットでホームページを見るには、**「ブラウザー」**と呼ばれるアプリを使います。Windows 10には、**「Microsoft Edge（マイクロソフト エッジ）」**と**「Internet Explorer（インターネット エクスプローラー）」**という2種類のブラウザーがあらかじめ搭載されています。
プロバイダーや通信回線業者から送付される手順書に従って、ブラウザーの設定などを行うと、インターネットを始められます。

※設定方法は、プロバイダーや通信回線業者によって異なります。詳細はプロバイダーや通信回線業者に確認してください。

●Microsoft Edgeの画面

1
2
3
4
5
6
7
8
9
付録
索引

Step2 Microsoft Edgeを起動しよう

1 Microsoft Edgeの起動

Microsoft Edgeを起動しましょう。Microsoft Edgeは、タスクバーにピン留めされているので、アイコンをクリックするだけで起動します。

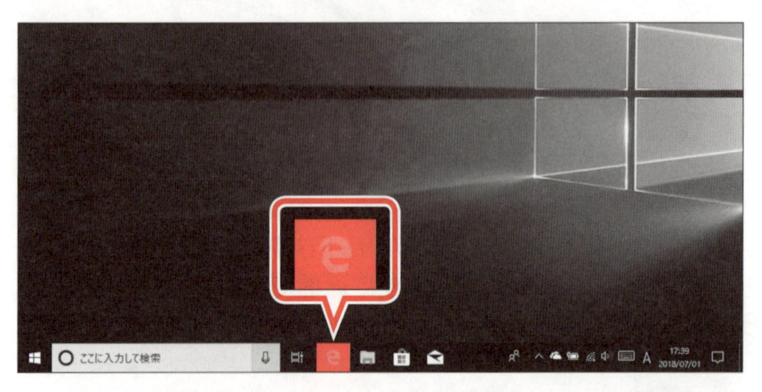

①タスクバーの e（Microsoft Edge）をクリックします。

Microsoft Edgeが起動し、ホームページが表示されます。

※お使いのパソコンによって、最初に表示されるホームページは異なります。

※ □ をクリックして、操作しやすいようにMicrosoft Edgeを画面全体に表示しておきましょう。

POINT ▶▶▶ Internet Explorerの起動

Internet Explorerを起動する方法は、次のとおりです。

◆ ⊞（スタート）→《Windowsアクセサリ》→《Internet Explorer》

2 Microsoft Edgeの確認

Microsoft Edgeの画面を確認しましょう。

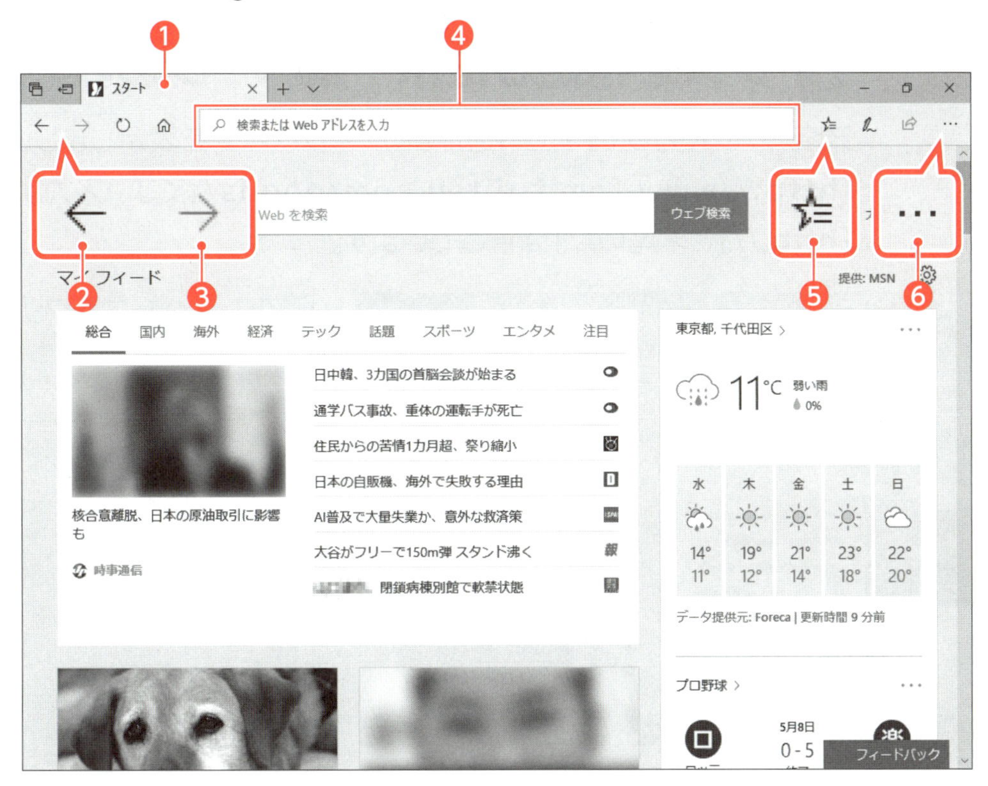

❶タブ
表示中のホームページの名前が表示されます。複数のタブを表示して、それぞれに異なるホームページを表示できます。

❷ ← (戻る)
表示中のホームページよりひとつ前に表示したホームページに戻るときに使います。

❸ → (進む)
← (戻る)で前に戻りすぎたときに使います。一度戻したホームページに逆戻りできます。

❹アドレスバー
表示中のホームページのアドレスが表示されます。ここに見たいホームページのアドレスを入力すると、そのホームページへジャンプします。

❺ ☆ ハブ
登録したホームページや閲覧履歴を見るときなどに使います。

❻ … (設定など)
Microsoft Edgeの設定を変更するときに使います。
ホームページを印刷したり、表示倍率を拡大・縮小したりすることもできます。

STEP UP

表示倍率の拡大

ホームページの文字が小さくて見にくい場合は、画面の表示倍率を拡大しましょう。

◆ … (設定など)→《拡大》の + (拡大)

Step3 ホームページを閲覧しよう

1 アドレスを指定したホームページの表示

アドレスを入力して、FOM出版のホームページを表示しましょう。アドレスは「http://www.fom.fujitsu.com/goods/」です。入力するとき、先頭の「http://」と末尾の「/」は省略できます。

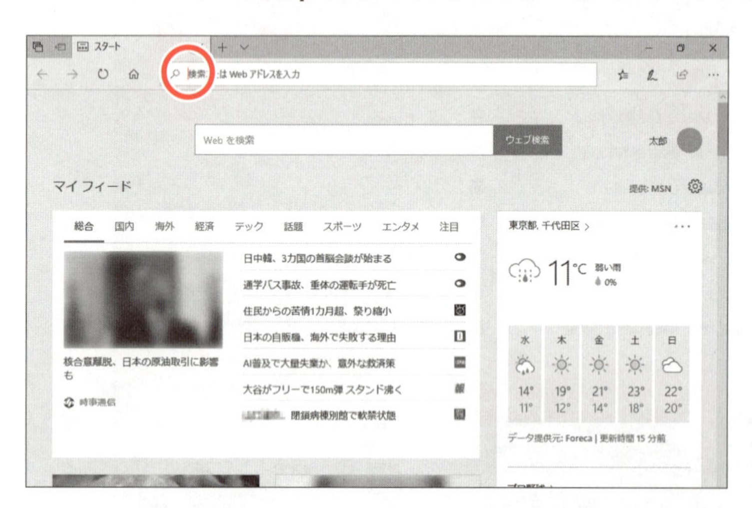

①アドレスバー内をクリックします。

②「www.fom.fujitsu.com/goods」と入力し、Enterを押します。

FOM出版のホームページが表示されます。

③スクロールバー内のボックスを下方向にドラッグします。

第6章 インターネットで情報を収集しよう

画面がスクロールして、ホームページの続きの情報が表示されます。

※上方向にドラッグしてホームページの先頭を表示しておきましょう。

STEP UP

マウスによるスクロール

スクロールボタン付きのマウスを使っている場合は、スクロールボタンを手前に回すと、下方向に画面がスクロールします。逆に回すと、上方向に画面がスクロールします。

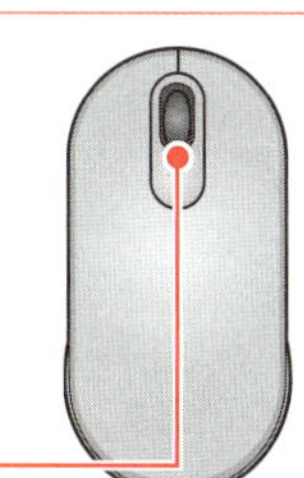

POINT ▶▶▶

アドレスによく使われる記号

ホームページのアドレスに、よく使われる記号を確認しておきましょう。

	記号	読み方	キー
❶	:	コロン	[*:け]
❷	/	スラッシュ	[?・/め]
❸	.	ドットまたはピリオド	[>。.る]
❹	-	ハイフン	[=-ほ]
❺	_	アンダーバー	[Shift]+[_\ろ]

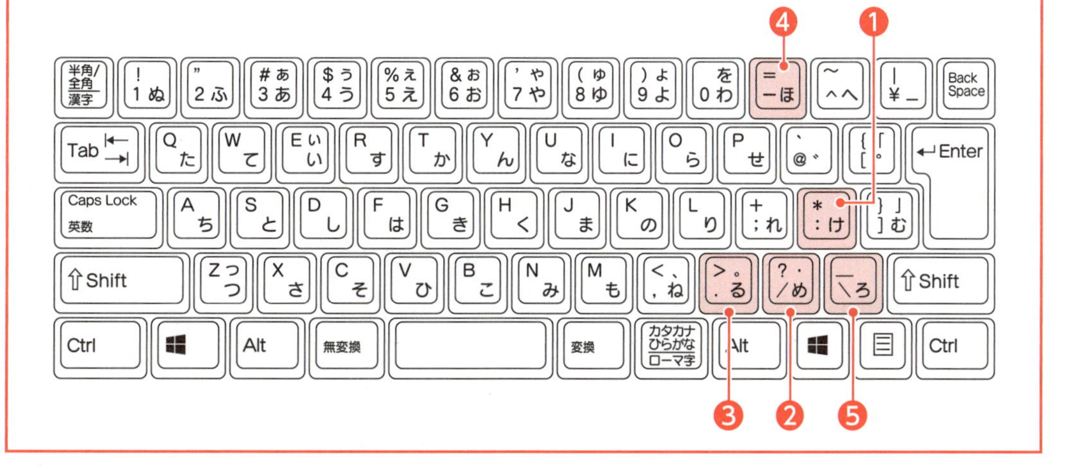

1
2
3
4
5
6
7
8
9
付録
索引

2 ホームページの検索

アドレスバーに**「福沢諭吉」**と入力し、関連するホームページを検索しましょう。

①アドレスバー内をクリックします。

現在表示されているホームページのアドレスが反転表示されます。

②アドレスバーに**「福沢諭吉」**と入力し、Enterを押します。

マイクロソフト社が運営する検索エンジン「Bing」が表示され、検索結果の一覧が表示されます。

③スクロールバー内のボックスを下方向にドラッグします。

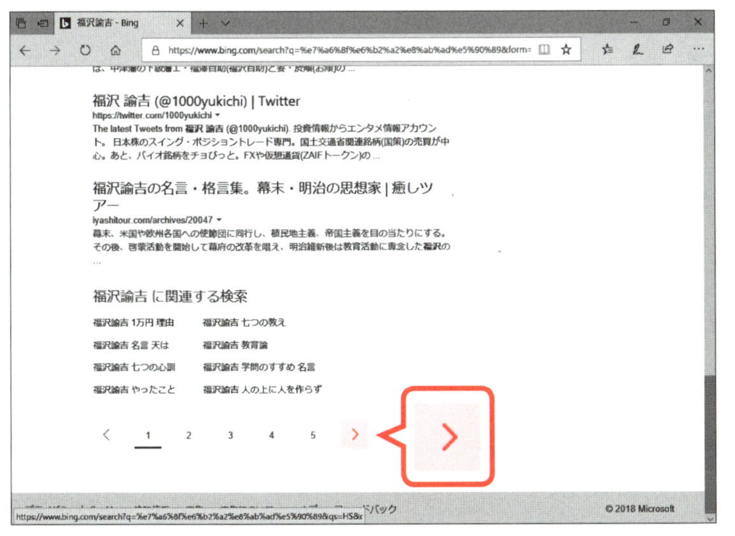

画面がスクロールして、検索結果の続きが表示されます。

④ > (次のページ)をクリックします。

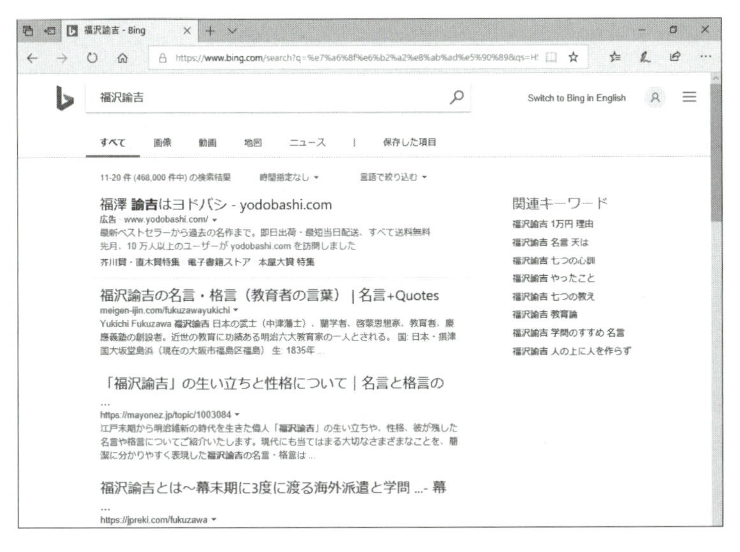

次ページの検索結果が表示されます。

※一覧から項目名を選択すると、それぞれのホームページにジャンプします。

POINT ▶▶▶

検索エンジン

「検索エンジン」は、インターネット上の膨大な情報の中から、キーワードを使って情報を絞り込んでくれるホームページです。Bingの他に有名な検索エンジンとして、「Yahoo!(ヤフー) JAPAN(ジャパン)」や「Google(グーグル)」「goo(グー)」などがあります。

POINT ▶▶▶

検索結果の絞り込み

インターネット上には、膨大なホームページが存在します。その中から自分が探している情報をすばやく探し出すためには、条件となるキーワードを適切に指定しましょう。アドレスバーにキーワードを空白で区切って入力すると、検索結果を絞り込むことができます。

例

福沢諭吉　名言

3 ホームページを戻る

←（戻る）を使うと、表示中のホームページよりひとつ前に表示したホームページに戻ることができます。
→（進む）を使うと、戻りすぎたときに、一度戻したホームページに逆戻りできます。
前に表示したホームページに戻りましょう。

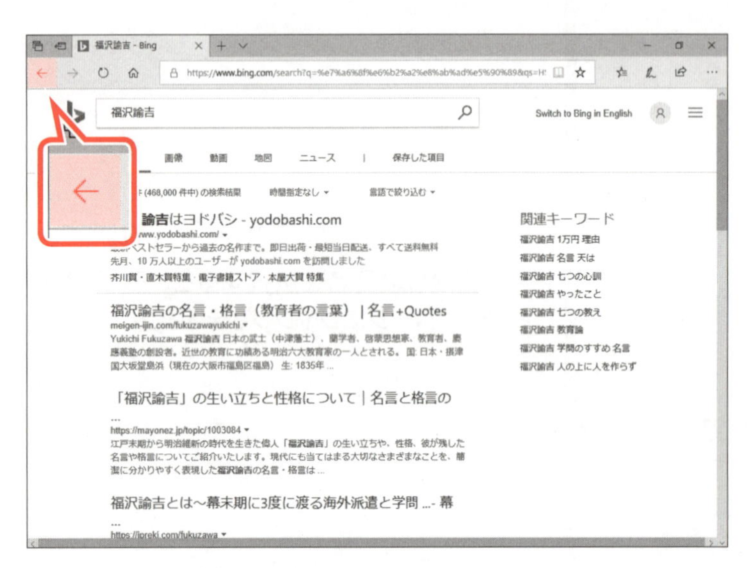

①←（戻る）をクリックします。

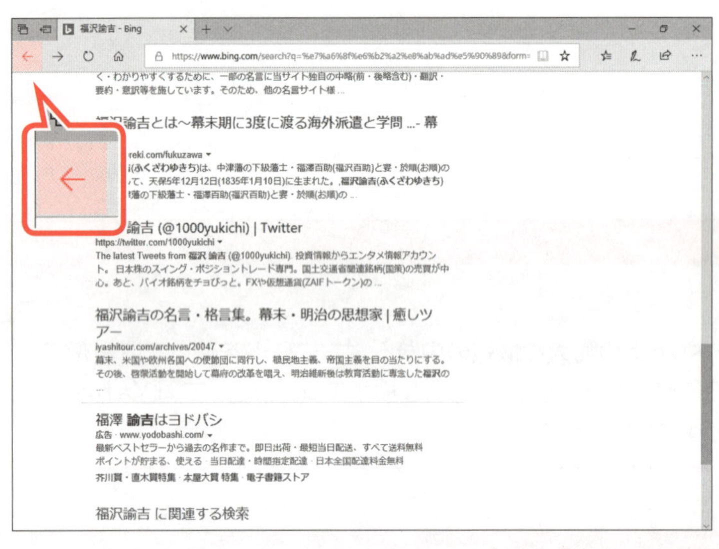

ひとつ前に表示したホームページが表示されます。
②←（戻る）をクリックします。

さらに、ひとつ前に表示したホームページが表示されます。

4 複数のホームページの表示

現在表示しているホームページを表示したまま、別のホームページを新しいタブで表示することができます。
複数のホームページを新しいタブで表示すると、ホームページを戻して表示することなく、タブを切り替えて確認できるので便利です。
ホームページを新しいタブで表示しましょう。

①FOM出版のホームページが表示されていることを確認します。
②一覧から表示するホームページの項目名を右クリックします。
※表示されていない場合は、スクロールします。
③**《新しいタブで開く》**をクリックします。

ホームページが新しいタブに表示されます。
④新しく表示されたタブを選択します。

ホームページが切り替わります。
ホームページを閉じます。
⑤ × (タブを閉じる)をクリックします。

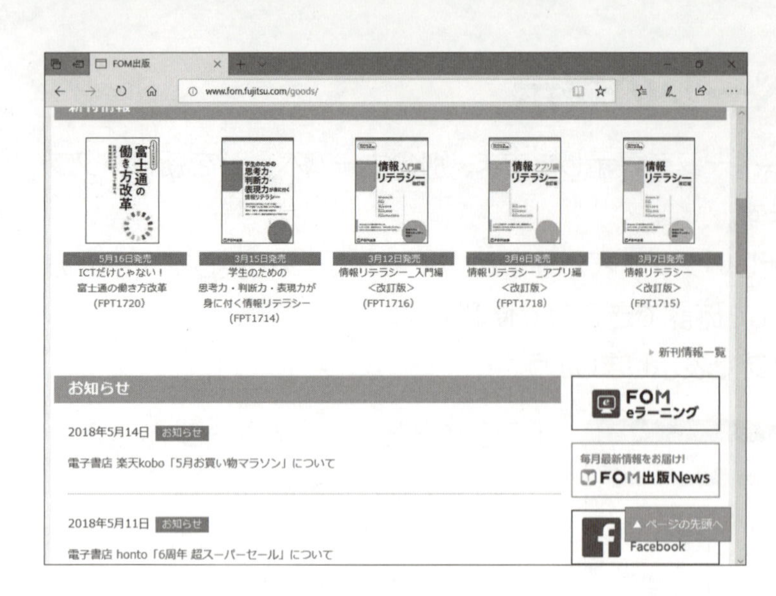

タブが閉じられます。

新しいウィンドウで開く

複数のホームページを新しいウィンドウで開くと、並べて表示することができます。
ホームページを新しいウィンドウで開く方法は、次のとおりです。

◆表示するホームページの項目名を右クリック→《新しいウィンドウで開く》

※ウィンドウが重なっている場合は、ウィンドウのサイズを変更したり、タイトルバーをドラッグして移動したりします。

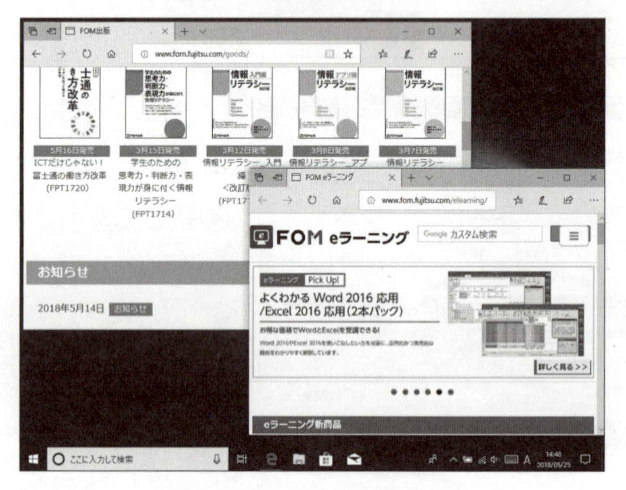

ホームページを閉じる

× (タブを閉じる)をクリックすると、表示されているホームページのみが閉じられます。すべてのタブを閉じると、Microsoft Edgeが終了します。
また、Microsoft Edgeの × をクリックすると、次のようなメッセージが表示され、すべてのタブを一度に閉じることができます。

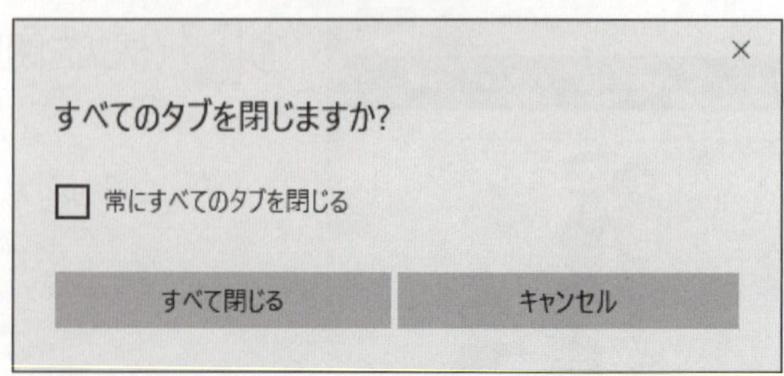

Step4 よく見るホームページを登録しよう

1 お気に入りの登録

よく見るホームページは、**「お気に入り」**に登録しておくと、アドレスを毎回入力する手間が省けるので便利です。お気に入りに登録すると、一覧から選択するだけでホームページを表示できるようになります。
よく見るホームページをお気に入りに登録しましょう。

①登録するホームページを表示します。
※ここでは、FOM出版のホームページを登録します。
②☆（お気に入りまたはリーディングリストに追加します）をクリックします。

③**《お気に入り》**をクリックします。
④**《名前》**にホームページのタイトルが表示されていることを確認します。
※別の名前に変更することもできます。
⑤**《保存する場所》**が**《お気に入り》**になっていることを確認します。
⑥**《追加》**をクリックします。

お気に入りに登録されます。

2 登録したホームページの表示

いったん別のホームページを表示してから、お気に入りに登録したホームページを表示しましょう。

①別のホームページを表示します。

②［☆≡］（ハブ）をクリックします。

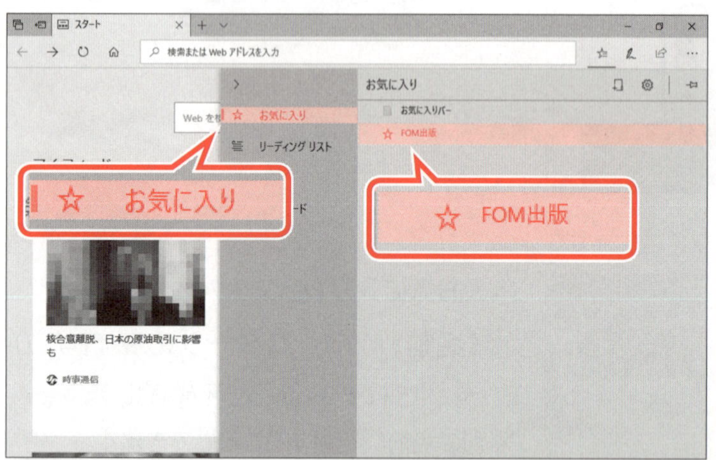

ハブバーが表示されます。

③《お気に入り》をクリックします。

《お気に入り》に登録されているホームページの一覧が表示されます。

④登録したホームページをクリックします。

選択したホームページが表示されます。

お気に入りの削除

お気に入りに登録したホームページを一覧から削除する方法は、次のとおりです。

◆［☆≡］（ハブ）→［☆］（お気に入り）→削除するホームページを右クリック→《削除》

スタートページの設定

STEP UP

Microsoft Edgeを起動したときに最初に表示されるホームページを「スタートページ」といいます。スタートページには、最もよく訪問するホームページを設定しておくと便利です。
スタートページには複数のホームページを設定できます。

◆ …（設定など）→《設定》→《Microsoft Edgeの起動時に開くページ》の ∨ →一覧から《特定のページ》を選択→《URLを入力してください》にアドレスを入力→ 💾（保存）

スタートメニューにピン留め

STEP UP

「このページをスタートにピン留めする」という機能を使うと、お気に入りのホームページをスタートメニューにタイルとして登録できます。
よく見るホームページをスタートメニューにピン留めしておくと、スタートメニューから直接そのホームページを表示できるので便利です。
ホームページをスタートメニューにピン留めする方法は、次のとおりです。

◆ …（設定など）→《このページをスタートにピン留めする》→《はい》

ピン留めしたホームページを表示する方法は、次のとおりです。

◆ ⊞（スタート）→ホームページのタイルをクリック

リーディングリスト

STEP UP

Microsoft Edgeには、表示したホームページのタイトルやアドレスを保存し、あとから再表示できるように、新しく追加した順で上からリスト表示できる「リーディングリスト」という機能が備わっています。
頻繁に表示するホームページを登録する「お気に入り」と違い、リーディングリストは後で読みたいホームページを記録するなど、一時的な保存に適しています。
ホームページをリーディングリストに登録する方法は、次のとおりです。

◆ホームページを表示→ ☆（お気に入りまたはリーディングリストに追加します）→《リーディングリスト》

Step5 ホームページに手書きメモを書き込もう

1 ホームページへの書き込み

Microsoft Edgeには、表示中のホームページに手書きのメモを書き込んだり、蛍光ペンでマーキングしたりできる**「Webノート」**という機能が備わっています。書き込んだ内容は、ホームページと一緒に保存できるので、後から見直すことも可能です。
ホームページに蛍光ペンで書き込みましょう。

①書き込みするホームページを表示します。
※ここでは、FOM出版のホームページに書き込みます。
②（ノートの追加）をクリックします。

Webノート専用のバーが表示されます。
③（蛍光ペン）をクリックします。

ボタンがからに変わります。
④（蛍光ペン）をクリックします。

⑤一覧から蛍光ペンの色を選択します。

⑥ (蛍光ペン)を再度クリックします。

⑦**《サイズ》**の ▮ をドラッグして蛍光ペンのサイズを調整します。

⑧ホームページ上をドラッグします。

ドラッグした部分が蛍光ペンで書き込まれます。

POINT ▶▶▶

消しゴム

書き込んだ部分を消去するには、(消しゴム)をクリックして、消去する部分をドラッグします。

2 書き込んだ内容の保存

(Webノートの保存)を使うと、ホームページと書き込んだ内容を一緒に保存できます。保存先として、お気に入りまたはリーディングリストを選択できます。

ホームページと手書きの内容をまとめて、お気に入りに保存しましょう。

① (Webノートの保存)をクリックします。

②《**お気に入り**》をクリックします。
③《**名前**》にホームページのタイトルが表示されていることを確認します。
※別の名前に変更することもできます。
④《**保存する場所**》が《**お気に入り**》になっていることを確認します。
⑤《**保存**》をクリックします。

お気に入りに保存されます。
⑥ × (終了)をクリックします。

⑦Webノート専用のバーが消え、元の表示に戻ります。
※ × をクリックし、Microsoft Edgeを終了しておきましょう。

POINT ▶▶▶

保存内容の表示

保存した内容を表示するには、 (ハブ)をクリックし、保存先のお気に入りやリーディングリストから登録した名前を選択します。

Step6 インターネットの注意点を確認しよう

1 インターネットの注意点

インターネットは使いこなすととても便利ですが、トラブルに巻き込まれる危険も潜んでいます。
最近では、不注意から起こるトラブルや匿名性を利用した犯罪が増えています。
そのようなことに巻き込まれないように、ホームページを見るときには、次のようなことに注意しましょう。

1 ホームページの内容をよく読もう

インターネットは、画面上の文字や画像をクリックするだけで、さまざまなホームページを見ることができ、多くの情報を得ることができます。その一方で、内容をよく読まずにクリックしてしまい、有料だということを知らずに料金を請求されたり、買うつもりのない商品を買ってしまったりする可能性もあります。
これらのトラブルを防ぐために、ホームページの内容をよく読み、安易にクリックしないようにしましょう。

2 個人情報を守ろう

インターネット上で、懸賞に応募したり、アンケートを記入したりする場合、自分の氏名や住所、電話番号といった個人情報を入力することがあります。入力した個人情報が漏えいすると、知らない人から勧誘の電話が頻繁にかかってきたり、自分の名前で何か悪いことをされたりする可能性もあり、非常に危険です。
個人情報を入力するときは、信頼できるホームページかどうかを確認しましょう。
通常、企業や各種団体、ショッピングサイトなど、個人情報を集めているホームページでは、**「プライバシーポリシー」**や**「個人情報保護ポリシー」**といった名前で、集めた個人情報をどのような目的で使うかということを明記しています。
初めて個人情報を入力する場合などに一度確認してみるとよいでしょう。

フィッシング詐欺

「フィッシング詐欺」とは、送信者名を金融機関などの名称に偽装してメールを送信し、メール本文から巧妙に作られたホームページにリンクさせ、暗証番号やクレジットカード番号を入力させる詐欺です。
心当たりのないメールが届いた場合は、すぐに個人情報を入力せず、内容をよく確認しましょう。

3 有害なホームページに注意しよう

ホームページには、公序良俗に反するようなわいせつな画像や暴力的な情報が掲載されているものがあります。若年者が見ることができないように規制されていないので、誰もが簡単にそのようなホームページを見ることができてしまいます。悪影響を及ぼす可能性があるので、若年者がインターネットを利用する場合には注意を払うようにしましょう。

4 インターネットショッピングの前に確認しよう

インターネットショッピングは家にいながら買い物ができるので、とても便利で楽しいものですが、代金を振り込んだのに商品が送られてこないなどのトラブルに巻き込まれる危険性もあります。
インターネットで買い物をするときは、次のような点に気を付けましょう。

<お店のホームページで確認すること>

◆お店や責任者の名前など、連絡先が明記されているか
◆価格、送料、支払い方法や振込手数料の負担などが明記されているか
◆返品できるのか、また、その際の条件が明記されているか

※販売条件の記載がなかったり、あいまいだったりした場合は、電話やメールで確認しておきましょう。

<重要な情報を入力するとき>

個人情報やクレジットカード番号など重要な情報を入力する場合は、ホームページが「SSL」(エスエスエル)に対応しているかを確認しましょう。SSLに対応しているホームページでは、アドレスバーの左にが表示され、入力した情報が暗号化されるので、重要な情報が漏れることはありません。

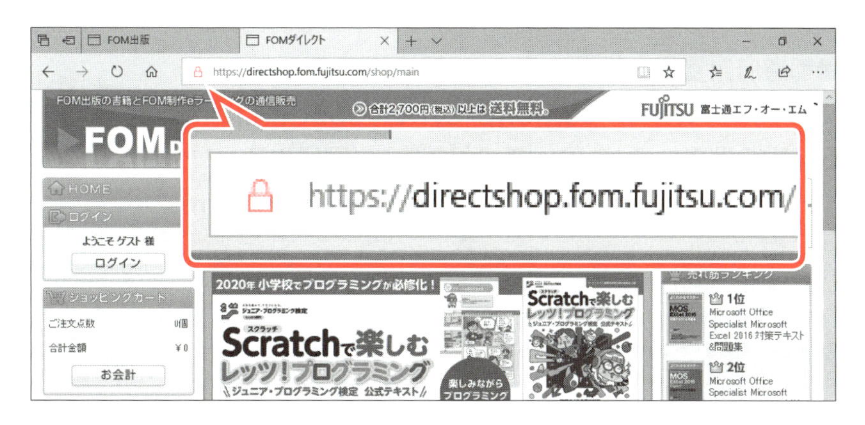

<控えをとっておく>

◆納期、代金支払い期限などを印刷して保管する

◆注文内容や振込証明などの控えを保管する

<商品が届いたときに確認すること>

◆届いた商品が間違っていないか

◆傷や汚れなどの商品不良がないか

※商品違いや商品不良があった場合は、お店に連絡して相談しましょう。

5 SNSをめぐるトラブルに気を付けよう

「SNS」は、誰もが気軽に情報発信できるツールとして人気で、利用者は年々増加の一途をたどっています。しかし、その一方で、SNSをめぐる事件もあとを絶ちません。SNSは情報が拡散しやすい点がメリットでもありデメリットでもあります。いったん拡散した情報を発信元でコントロールすることは不可能です。例えば、思慮に欠けた不適切な書き込みが批判を買い、思わぬトラブルや炎上につながるケースは少なくありません。

6 トラブルが発生したら

トラブルに巻き込まれないように十分注意をしていても、巻き込まれてしまうことがあります。もし、トラブルに巻き込まれてしまったら、あせらず冷静に対処しましょう。
トラブルが発生した場合の相談窓口は、次のとおりです。

●都道府県警察本部のサイバー犯罪相談窓口
https://www.npa.go.jp/cyber/soudan.htm
●全国の消費生活センター等の相談窓口（国民生活センター）
http://www.kokusen.go.jp/map/index.html

2 著作権について

インターネットでは、文章だけでなく画像や写真などが多く使われています。これらのデータにはすべて**「著作権」**があり、私的使用の目的以外で、無断で使用することは、法律で禁止されています。ホームページも著作権の保護の対象です。自分で作成したホームページに、ほかの人が作ったデータを無断で利用したり、書籍や雑誌、新聞などの記事や写真を無断で転載したりすると、著作権の侵害となります。
ホームページを作成するときには、絵や写真を自由に利用できる規定となっている素材集のホームページを利用するようにしましょう。また、書籍などの文章を引用するときは、引用部分を明確にし、出所を明記するようにしましょう。

※自分で作成したホームページに掲載する場合でも、ホームページはインターネット上で公開されるため、私的使用という目的にはなりません。
※自分で撮影した写真の場合でも、その写真に写っている人に無断でホームページに掲載すると、その人の「肖像権」の侵害になることがあります。

よくわかる

第７章

Chapter 7

メールを送受信しよう

Step 1 メールとは?

1 メールとは

「メール」とは、インターネット上でやり取りする手紙のことで、**「電子メール」**や**「Eメール」**ともいいます。パソコン同士はもちろん、スマートフォンや携帯電話でもメールのやり取りができ、ビジネスやプライベートを問わず、多くの人に利用されています。
メールには、次のような特長があります。

- **●相手の居住地に関係なく手軽にやり取りできる**
- **●自分の好きなときに送ることができる**
- **●相手が不在でも送ることができる**
- **●文字だけでなく、画像や音声などのファイルもやり取りできる**

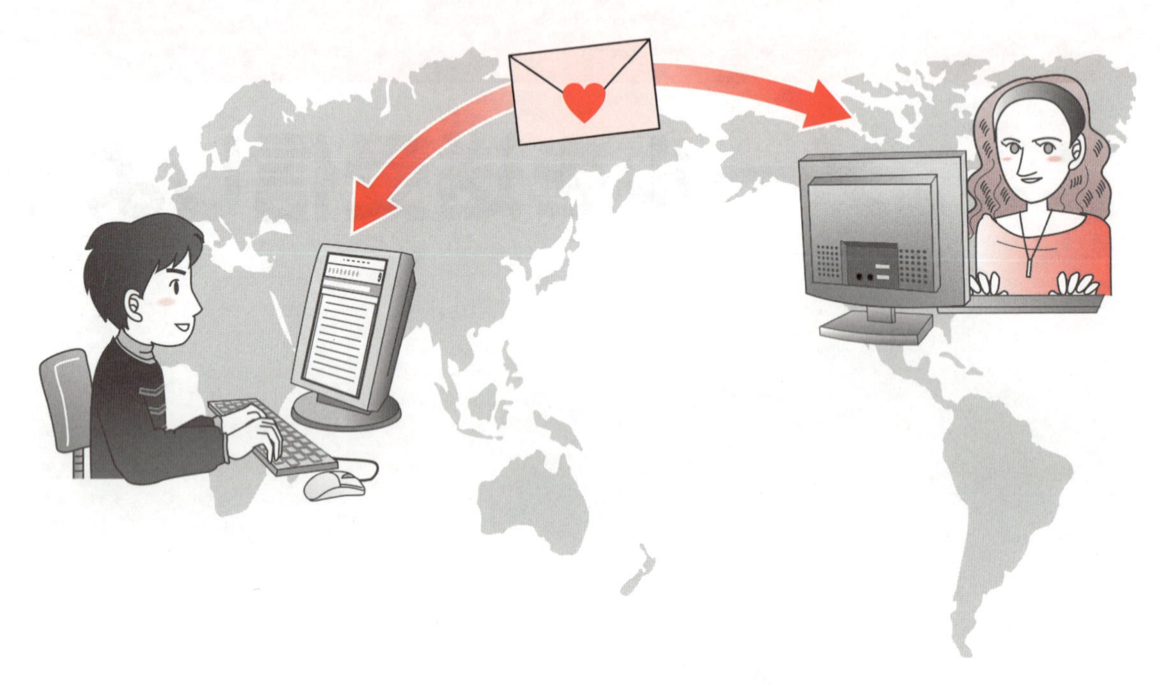

メールをやり取りするには、**「メールソフト」**と呼ばれるアプリを使います。
Windows 10には、**「Mail(メール)」**というメールソフトがあらかじめ用意されています。このアプリを利用すると、メールのやり取りを手軽に始めることができます。

2 メールアドレスとは

メールをやりとりするには、**「メールアドレス」**が必要です。メールアドレスは、メールを利用するときの郵便物の住所や宛名に相当するもので、ユーザーごとに唯一無二のものが発行されます。世界のどこからでも特定の相手にメールが届けられるのは、メールアドレスが世界に1つだけで、同じものが2つと存在しないためです。

メールアドレスの例

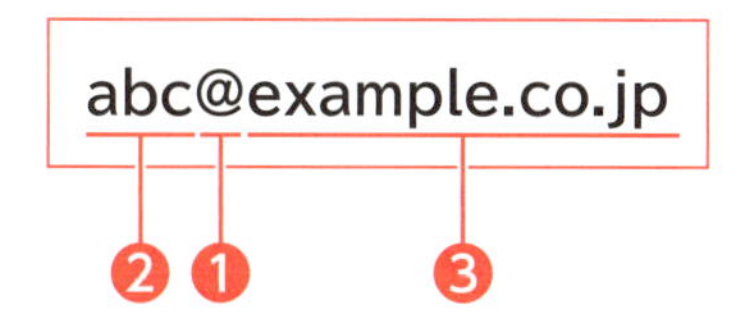

❶@

メールアドレスは**「@（アットマーク）」**という記号で区切られています。

❷アカウント名

@の左側は**「アカウント名」**といい、ユーザーの名前を識別するものです。メールアドレスの発行元によっては、ユーザーが好みのアカウント名を設定できる場合があります。ただし、ほかのユーザーと重複するアカウント名は受け付けてもらえません。

❸ドメイン名

@の右側は**「ドメイン名」**といい、メールアドレスの発行元である企業やプロバイダーを識別するものです。ドメイン名をユーザーが変更することはできません。

STEP UP

メールの仕組み

メールは、直接相手のパソコンやスマートフォンに届けられるわけではありません。それぞれのメールアドレスを管理しているメールサーバーを経由してやり取りされます。
自分が送信したメールは、まず、自分のメールアドレスを管理しているメールサーバーに入ります。そのあと、相手のメールアドレスを管理しているメールサーバーに届きます。相手が受信の操作を行ったとき、メールが相手に届きます。

Step2 メールを起動しよう

1 メールの起動

メールを起動しましょう。

①タスクバーの (Mail) をクリックします。

※《アカウントの追加》が表示される場合は、アカウントを設定します。
ローカルアカウントでサインインしている場合は、P.126「POINT　メールアドレスの登録」を参考にメールアドレスの登録を行いましょう。

メールが起動します。

※ をクリックして、操作しやすいようにメールを画面全体に表示しておきましょう。

POINT ▶▶▶

メールアドレスの登録

メールを利用する前に、メールアドレスを登録しましょう。
プロバイダーのメールアドレスを登録する方法は、次のとおりです。

◆メールを起動→《+アカウントの追加》→《詳細設定》→《インターネットメール》→各項目を入力→《サインイン》

※一般の企業やプロバイダーが配布するメールアドレスだけでなく、Outlook.com、Live.com、Hotmail、MSN、Gmail、iCloudメールなどインターネット上で無償で利用できるメールアドレスも登録できます。

2 自分のメールアドレスの確認

自分のメールアドレスを確認しましょう。

①（設定）をクリックします。

《設定》が表示されます。

②**《アカウントの管理》**をクリックします。

《アカウントの管理》が表示されます。

③一覧に自分のメールアドレスが表示されていることを確認します。

※《アカウントの管理》以外の空いている場所をクリックして、《アカウントの管理》を非表示にしておきましょう。

※本書では、WindowsにサインインしているMicrosoftアカウントをそのままメールで利用します。

STEP UP 画面解像度が大きい場合

画面解像度が大きい場合、メニューが展開された状態で表示されます。フォルダーがすべて表示されるので、切り替えが簡単に行えます。

●画面解像度が「1366×768ピクセル」の場合

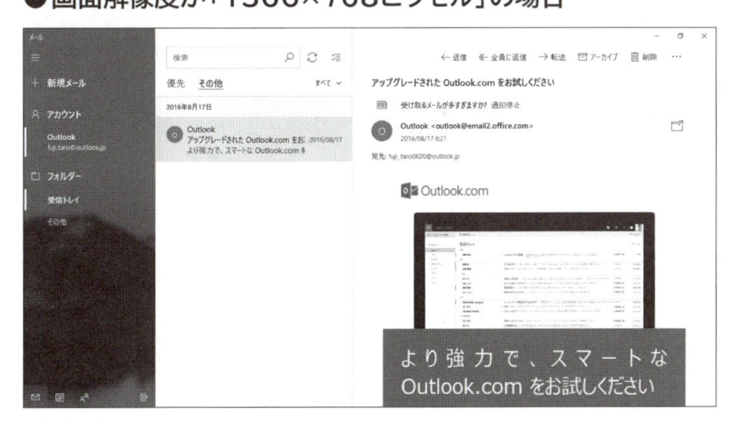

3 メールの確認

メールの画面を確認しましょう。

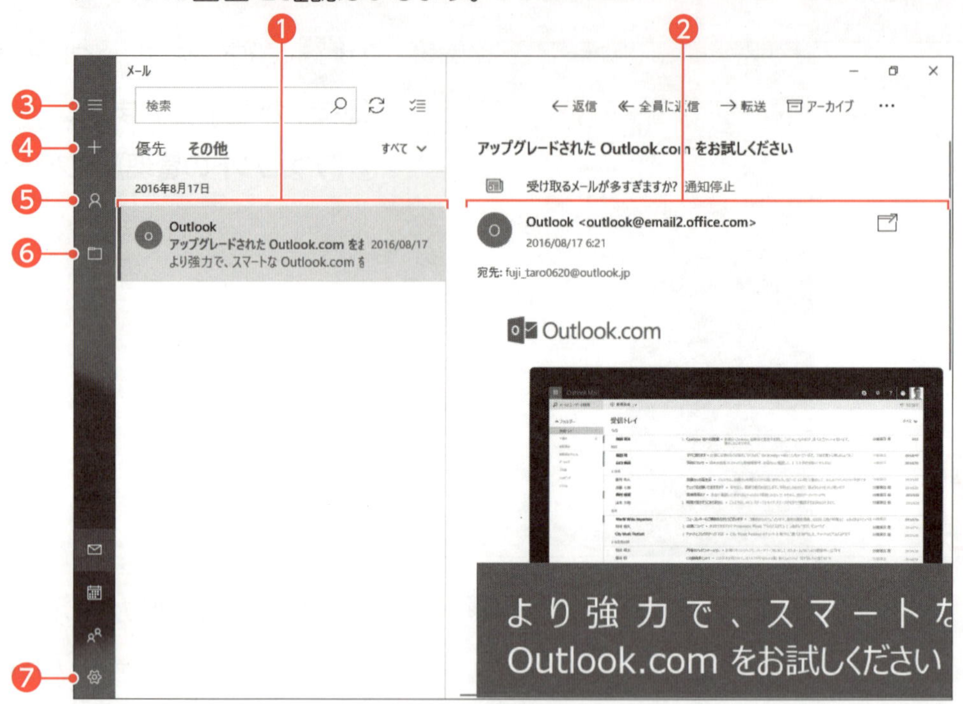

❶メッセージリスト

メールを整理するための入れ物（フォルダー）に入っているメールが表示されます。

「受信トレイ」や**「送信済みアイテム」**などのフォルダーが用意されており、起動直後は、**「受信トレイ」**のメールが一覧で表示されます。

「受信トレイ」は、**「優先」**と**「その他」**の2つのタブに分かれています。優先トレイには、頻繁にやり取りする相手からのメールなど、ユーザーにとって重要なメールだと判断されたものが表示されます。それ以外のメールは、その他トレイに表示されます。

❷プレビューウィンドウ

メッセージリストで選択したメールの内容が表示されます。

❸展開／折りたたみ

メニューを展開したり、折りたたんだりします。

❹新規メール

新規にメールを作成します。

❺すべてのアカウント

複数のメールアドレスを登録している場合に、利用するメールアドレスを切り替えます。

❻すべてのフォルダー

「受信トレイ」から別のフォルダーに切り替えます。

❼設定

メールアドレスや署名の登録など、詳細を設定します。

Step3 メールを送受信しよう

1 実習内容の確認

本書では次の環境を想定して実習します。

※登場する人物とメールアドレスは、架空のものです。

2 メールの作成

メールを作成しましょう。

①［+］（新規メール）をクリックします。

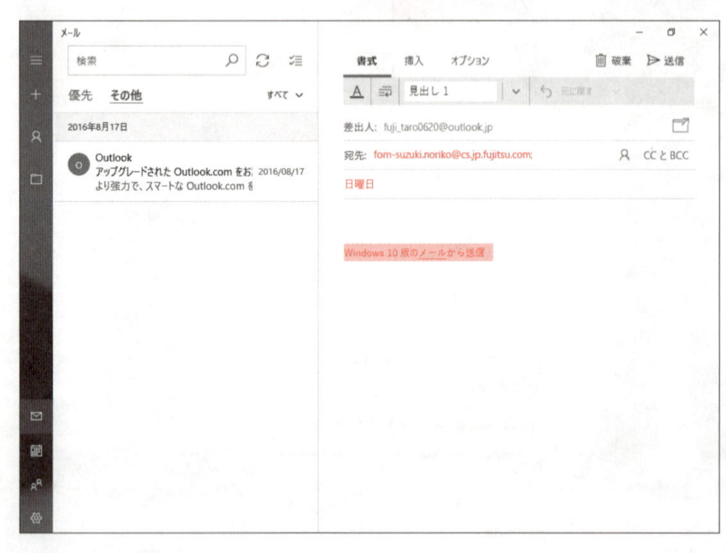

メールを作成する画面が表示されます。

②《宛先》にメールアドレスを入力します。

※入力モードが［A］の状態で入力します。

※「@」は、［@］を押します。

③《件名》に**「日曜日」**と入力します。

※入力モードが［あ］の状態で入力します。

メッセージ作成欄にあらかじめ入力されている文字を削除します。

④**「Windows 10版のメールから送信」**を選択します。

⑤［Delete］を押します。

文字が削除されます。

⑥次のようにメッセージを入力します。

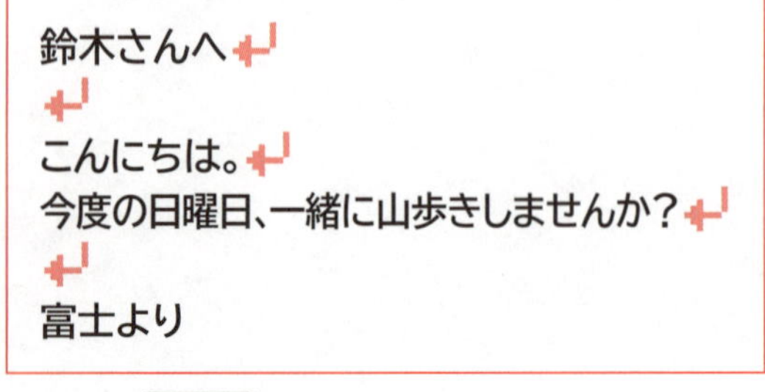
鈴木さんへ↵
↵
こんにちは。↵
今度の日曜日、一緒に山歩きしませんか？↵
↵
富士より

※↵で［Enter］を押して、改行します。

複数の宛先にメールを送信する

同じ内容のメールを複数の人に送るには、半角の「;（セミコロン）」または「,（カンマ）」で区切ってメールアドレスを指定します。

3 メールの送信

作成したメールを送信しましょう。

①《送信》をクリックします。

メールが送信されます。

《送信済みアイテム》フォルダーに切り替えます。

②（すべてのフォルダー）をクリックします。

フォルダーの一覧が表示されます。

③《送信済みアイテム》をクリックします。

※お使いの環境によって、表記が異なることがあります。

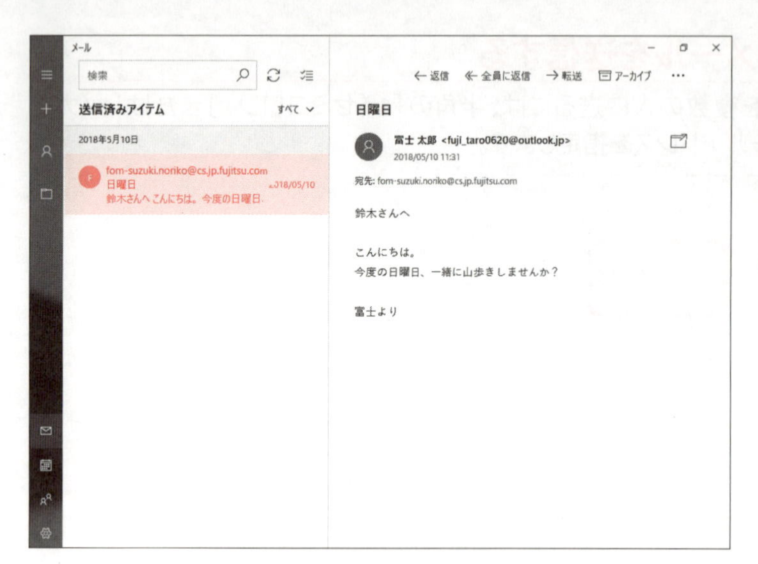

メッセージリストに送信したメールが表示されます。

④送信したメールを選択します。

プレビューウィンドウにメールの内容が表示されます。

4 メールの受信

メールが届くと、自動的に**「受信トレイ」**の中にメールが保存されます。
受信したメールの内容を確認しましょう。

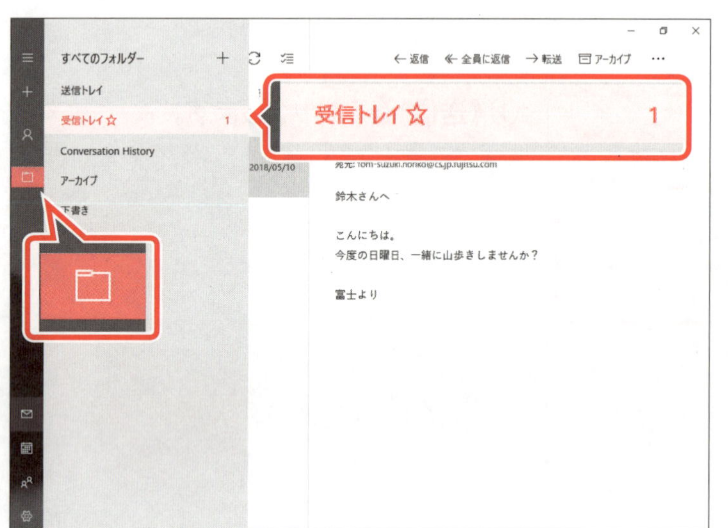

《受信トレイ》フォルダーに切り替えます。

①（すべてのフォルダー）をクリックします。

フォルダーの一覧が表示されます。

※未読メールがある場合、未読メールの件数が表示されます。

②**《受信トレイ》**をクリックします。

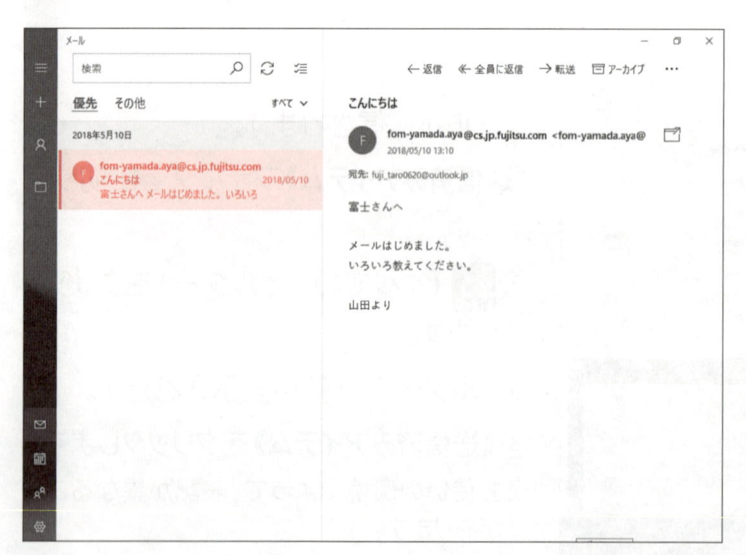

メッセージリストに新しく受信したメールが表示されます。

※未読メールの左側には、青い線が表示されます。

③メッセージリストから新しく受信したメールを選択します。

プレビューウィンドウにメールの内容が表示されます。

5 メールの返信

受け取ったメールに返信しましょう。返信画面には、宛先と件名がすでに入力されており、改めて入力する手間を省けます。また、相手からのメッセージが表示されるので、内容を引用しながら返事を書くことができます。
受信したメールに返信しましょう。

①受信したメールが表示されていることを確認します。
②《**返信**》をクリックします。

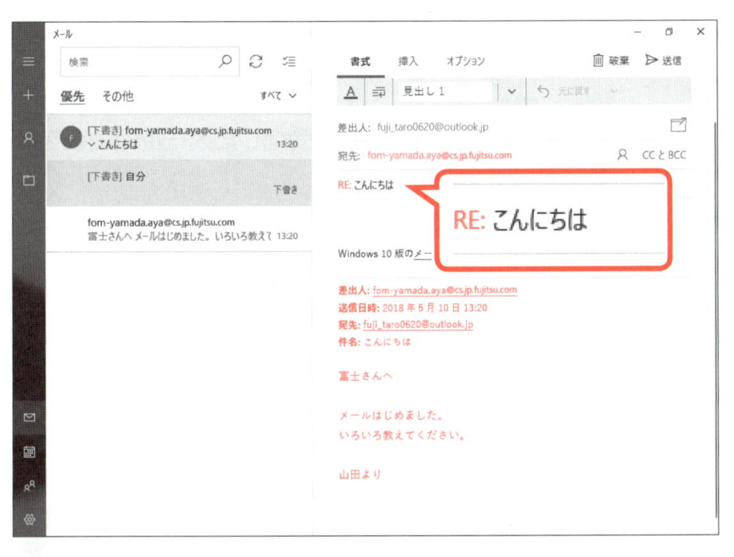

返信するメールを作成する画面が表示されます。
③《**宛先**》に返信先の相手の名前が表示されていることを確認します。
④件名に返信を表す「**RE:**」が付いていることを確認します。
※件名は自由に変更できます。
⑤件名の下側に相手のメッセージが表示されていることを確認します。
※相手のメッセージは削除することもできます。

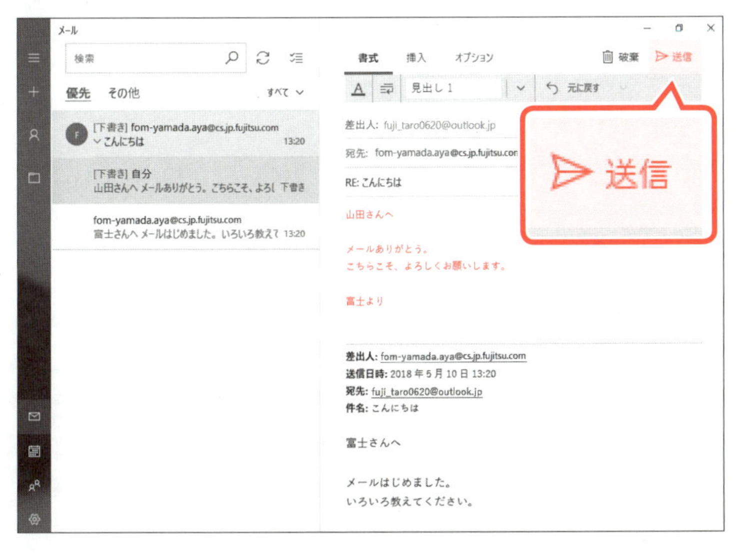

⑥次のようにメッセージを入力します。

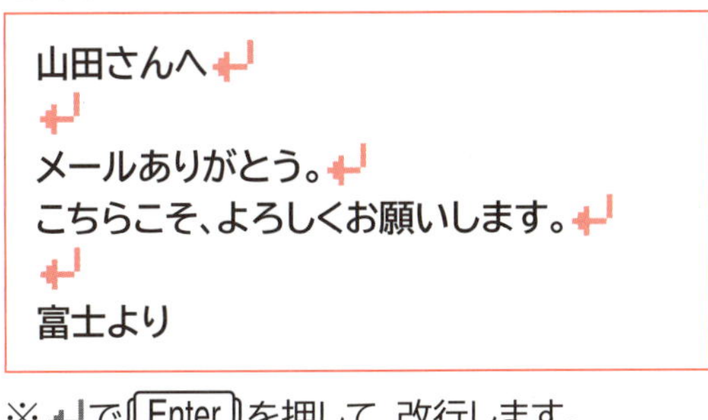

※↵で Enter を押して、改行します。
作成したメールを送信します。
⑦《**送信**》をクリックします。

⑧返信したメールに《←》が表示されていることを確認します。

※ （すべてのフォルダー）→《送信済みアイテム》をクリックし、メールが送信されていることを確認しておきましょう。

※ をクリックして、メールを終了しておきましょう。

メールの削除

いらなくなったメールは削除できます。
《受信トレイ》や《送信済みアイテム》などに入っているメールを削除すると、そのメールは一旦《削除済みアイテム》に保存されます。《削除済みアイテム》に入っているメールを削除すると、パソコンから完全に削除されます。
メールを削除する方法は、次のとおりです。

◆フォルダー内のメールをポイント→ （このアイテムを削除します）

メールの転送

受信したメールを第三者に送ることを「転送」といいます。受信したメールの内容をほかの人にも知ってもらいたい場合などによく使われます。
メールを転送する方法は、次のとおりです。

◆メールを表示→《転送》

Step4 連絡先を登録しよう

1 Peopleとは

「People」とは、友人や知人の連絡先を管理するためのアプリです。
Windows 10にあらかじめ用意されているので、すぐに利用できます。
頻繁にやり取りする相手のメールアドレスは、Peopleに登録しておくと、一覧から選択するだけで、簡単にメールアドレスを指定できます。入力の手間が省けるうえ、入力ミスを防ぐこともできます。

2 Peopleの起動

Peopleを起動しましょう。

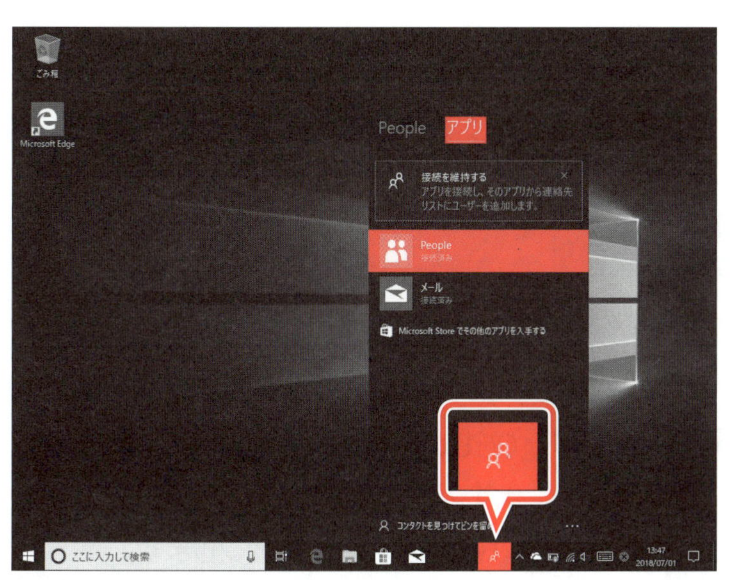

①タスクバーの（People）をクリックします。
②《アプリ》をクリックします。
③《Pople》をクリックします。
※《あなたのPeople》が表示された場合は、《はじめに》→《アプリ》→《People》→《はじめましょう》→《はい》→《はい》→《開始》をクリックしておきましょう。

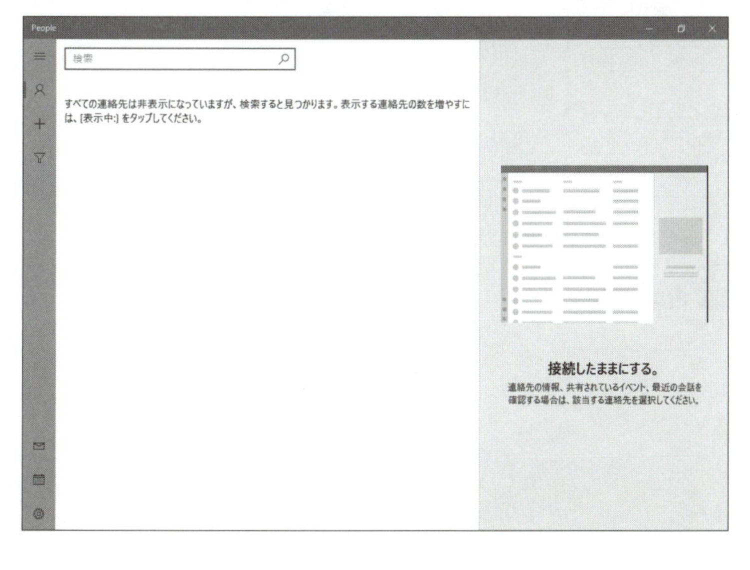

Peopleが起動します。
※ □ をクリックして、操作しやすいようにPeopleを画面全体に表示しておきましょう。

3 連絡先の登録

Peopleには、名前やメールアドレスのほかに、住所・電話番号などさまざまな情報を登録できます。登録される情報をまとめて**「連絡先」**といいます。
Peopleに、次の連絡先を登録しましょう。

姓	：山田
名	：彩
フリガナ（姓）	：ヤマダ
フリガナ（名）	：アヤ
メールアドレス	：fom-yamada.aya@cs.jp.fujitsu.com

※名前やメールアドレスは架空のものです。

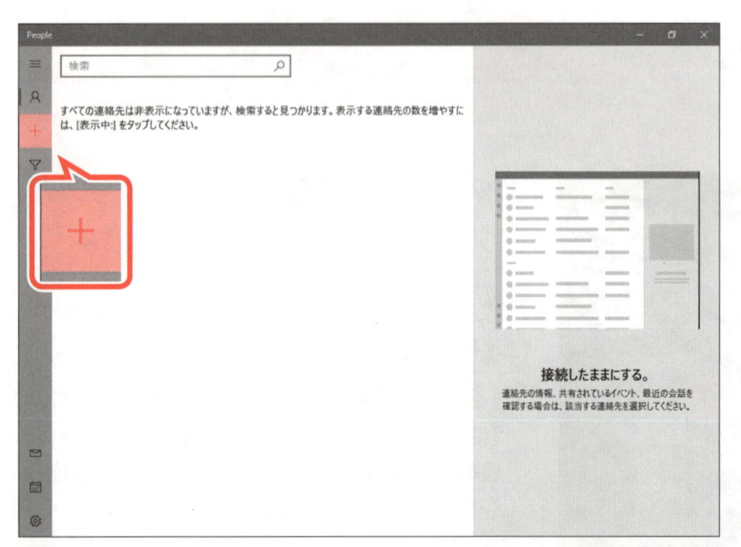

① ＋（新しい連絡先）をクリックします。

《新しいOutlook連絡先》が表示されます。
②《姓》の をクリックします。

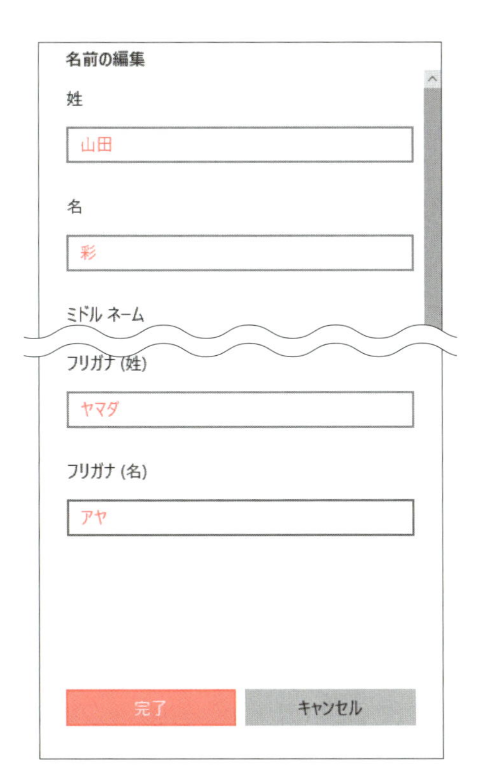

《**名前の編集**》が表示されます。

③《**姓**》に「**山田**」と入力します。

④《**名**》に「**彩**」と入力します。

⑤《**フリガナ(姓)**》に「**ヤマダ**」と入力します。

⑥《**フリガナ(名)**》に「**アヤ**」と入力します。

⑦《**完了**》をクリックします。

《**新しいOutlook連絡先**》に戻ります。

⑧《**個人用のメールアドレス**》に「**fom-yamada.aya@cs.jp.fujitsu.com**」と入力します。

入力した内容を保存します。

⑨《**保存**》をクリックします。

⑩《**連絡先**》の《**や**》のカテゴリが追加され、「**山田 彩**」と表示されていることを確認します。

※ [×] をクリックして、Peopleを終了しておきましょう。

タスクバーに連絡先をピン留めする

頻繁にメールを出す相手の連絡先をタスクバーにピン留めしておくと、宛先が指定されたメールをすぐに起動できるので便利です。
タスクバーに連絡先をピン留めする方法は、次のとおりです。

◆Peopleを起動→ピン留めする連絡先を右クリック→《タスクバーにピン留めする》

4 連絡先の利用

Peopleに登録した連絡先を使って、メールの宛先を指定しましょう。連絡先の名前またはメールアドレスの最初の数文字を入力するだけで、候補となる連絡先を表示できます。

①メールを起動します。

※タスクバーの（Mail）をクリックします。

②＋（新規メール）をクリックします。

③**《宛先》**の（連絡先を選択）をクリックします。

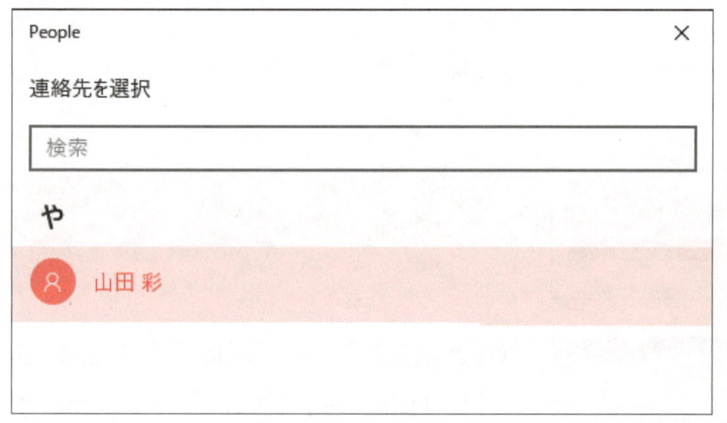

一覧に山田さんの名前が表示されます。

※表示されていない場合はスクロールします。

④山田さんの名前をクリックします。

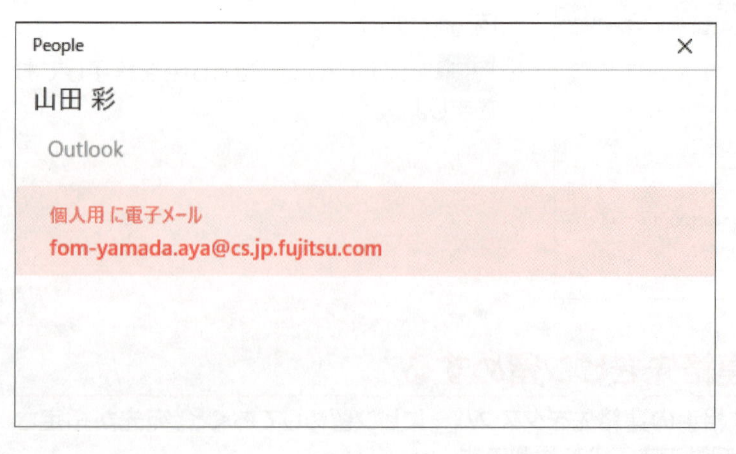

⑤**《個人用に電子メール》**をクリックします。

《**宛先**》に山田さんのメールアドレスが表示されます。

⑥《**件名**》に「**来週の金曜日**」と入力します。

⑦次のようにメッセージを入力します。

> **山田さんへ↵**
> **↵**
> **来週の金曜日、研修で新潟に行くことになりました。↵**
> **研修後、お会いできたらと思うのですが、↵**
> **ご都合はいかがですか？↵**
> **↵**
> **富士より**

※↵で Enter を押して、改行します。

⑧《**送信**》をクリックします。

メールが送信されます。

※ 🗀（すべてのフォルダー）→《送信済みアイテム》をクリックし、メールが送信されていることを確認しておきましょう。

※ × をクリックして、メールを終了しておきましょう。

Peopleからメールを送信する

Peopleの連絡先の一覧からメールを送信することもできます。

◆Peopleを起動→送信する相手の連絡先を選択→《個人用に電子メール》

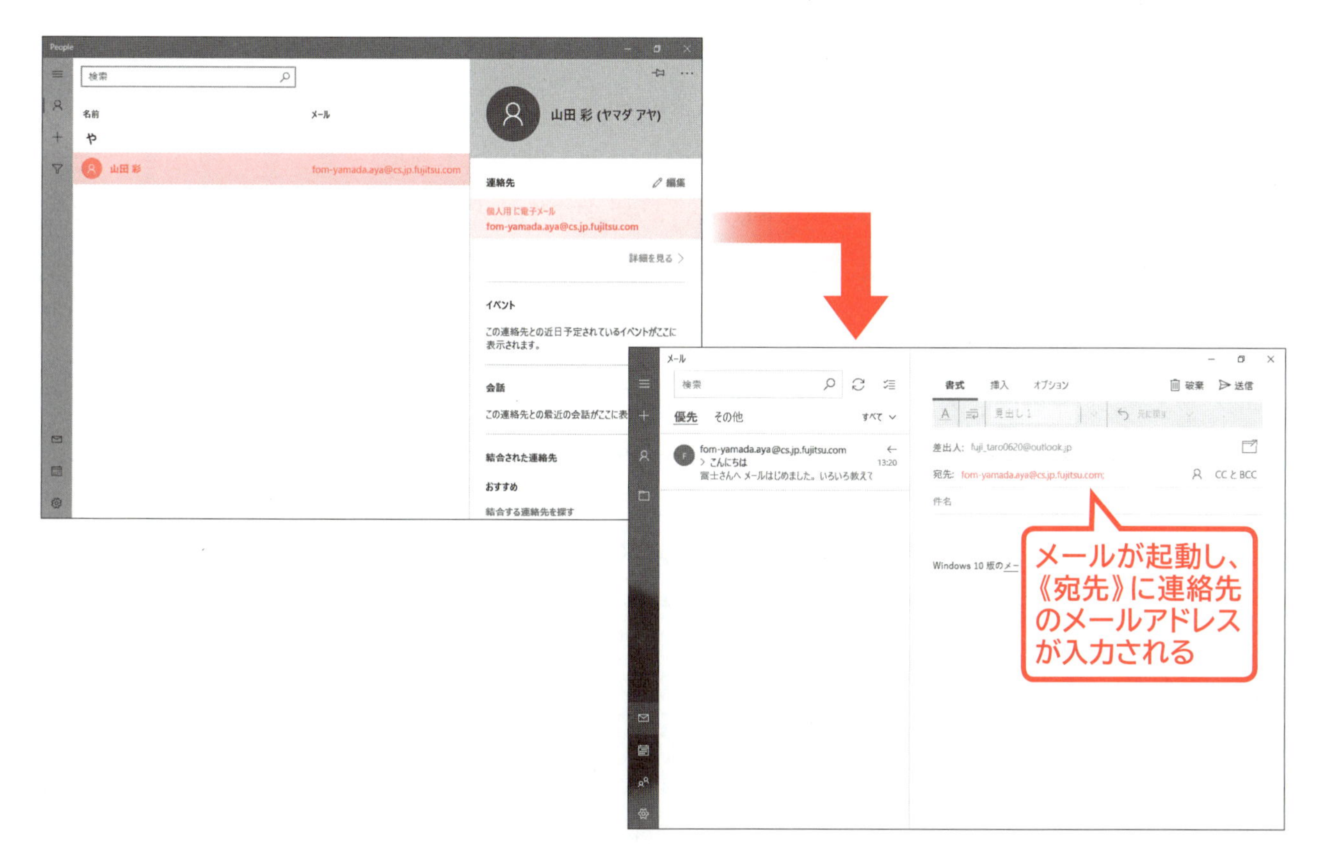

Step5 メールの注意点を確認しよう

1 メール作成時の注意点

メールは、時間を気にせずにやり取りすることができる便利なコミュニケーション手段ですが、顔が見えない相手とコミュニケーションをとるには、普段の生活以上にマナーが必要です。
メールを送るときには、次のようなことに注意しましょう。

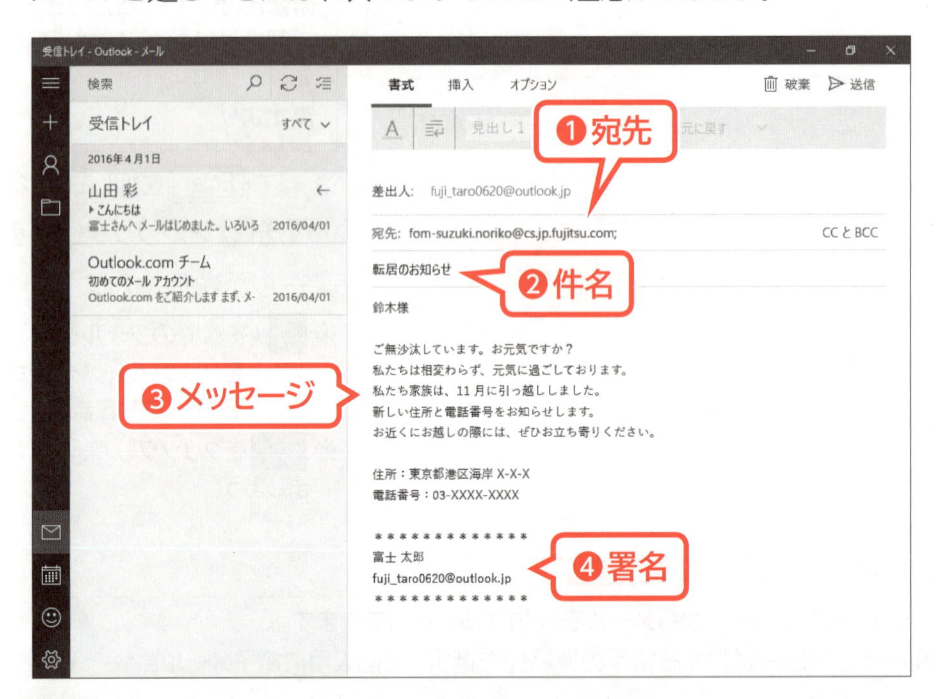

❶宛先

メールを送る前に、宛先のメールアドレスを確認して、違う相手に送らないように気を付けましょう。メールアドレスを1文字でも間違えると正しい相手には届きません。アルファベットの「o」と数字の「0」や、アルファベットの「I」と数字の「1」などのように、間違えやすい文字の入力には特に気を付けましょう。

❷件名

件名は、メッセージの内容がひと目でわかるような簡潔なものにしましょう。返信する場合は、届いたメールの件名の前に「RE:」が自動的に付けられて表示されるので便利ですが、必要に応じて変えるとよいでしょう。
また、件名を付けずに空白のままメールを送ることはやめましょう。件名が空白だと、受信者のメールソフトで迷惑メールとして自動的に除外されてしまう可能性もあります。

❸メッセージ

受信したメールは、忙しい合間を縫って確認することも多いため、相手が短時間で必要な内容を把握できるように工夫します。最後まで読まないと用件が伝わらないようなメールは、後回しにされてしまう可能性があります。メールのメッセージは、最も伝えたいことを最初に持ってくるようにしましょう。
だらだらと長い文章は、**「あとでじっくり読もう」**と思われてしまうかもしれません。1文の長さをできるだけ短くし、簡潔な文章を心掛けましょう。
また、メールのように相手の顔が見えないコミュニケーション手段では、ごくわずかな言葉の行き違いが大きな問題を引き起こすことがあります。相手を不愉快にさせるような話題や言葉遣いは慎み、相手の立場を考えて書くように細心の注意を払いましょう。

❹署名

メッセージの最後に差出人の名前やメールアドレスなどを簡潔に記入しましょう。これを**「署名」**といいます。署名には**「このメールはここで終わり」**と宣言する役割もあります。記号などを使って線を引き、本文とは明確に区別します。

半角カタカナや機種依存文字

インターネットの世界では、一部扱えない文字があります。「半角カタカナ」や「機種依存文字」は、受信側で正しく表示されない場合があるので、使わないようにしましょう。
機種依存文字とは、次のような文字です。

① ② ③ ④ ⑤ ⑥ ⑦ ⑧ ⑨ ⑩ ⑪ ⑫ ⑬ ⑭ ⑮ ⑯ ⑰ ⑱ ⑲ ⑳
Ⅰ Ⅱ Ⅲ Ⅳ Ⅴ Ⅵ Ⅶ Ⅷ Ⅸ Ⅹ
㍉ ㍍ ㌔ ㌶ ㍑ ㌫
№ ℡
㊤ ㊥ ㊦ ㊧ ㊨ ㊚ ㊛
㈱ ㈲ ㈹ ㍽ ㍼ ㍻ など

署名の登録

署名をあらかじめ登録しておくと、メールの最後に自動で署名が挿入されます。
署名を登録する方法は、次のとおりです。
◆メールを起動→ ⚙ (設定)→《署名》→《電子メールの署名を使用する》をオンにする→署名の内容を編集
※初期の設定では、「Windows 10版のメールから送信」が登録されています。

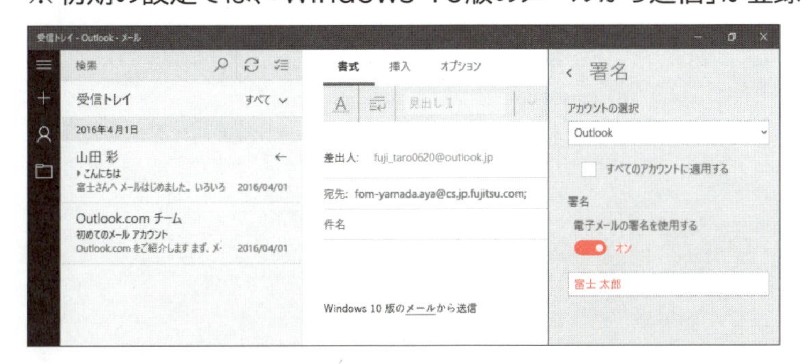

2 宛先の種類の使い分け

メールを送信するには、メールの宛先にメールアドレスを入力します。
宛先は、目的に応じて次のように使い分けます。
※CCとBCCを表示するには、《CCとBCC》をクリックします。

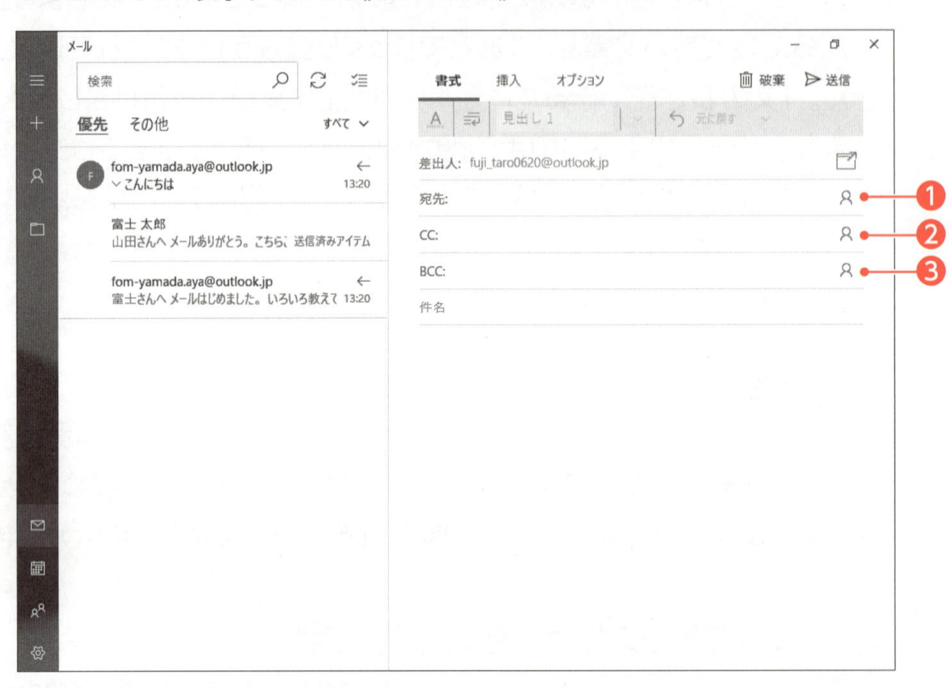

❶宛先(TO)

メールの正規の受信者を指定します。

❷CC

正規の受信者以外に、参考として読んでほしい受信者のメールアドレスを指定します。ほかの人にメールの内容を知っておいてもらう場合などに使います。

❸BCC

BCCに指定したメールアドレスは公開されません。メールをほかの人に送ったことを知られたくない場合や、メールを送る相手同士が面識のない場合などに使います。
受信者は、メールを受け取ったとき、BCCに指定されている人を確認することはできません。

3 メール返信時の注意点

メールを返信するときは、次のようなことに注意しましょう。

●早めに返信する

返事が必要なメールには、できるだけ早く返信します。受信者から返事がなかなか来ないと、送信者は届いたのか、読んでもらえたのかもわからずに不安になってしまいます。忙しかったり、確認や検討が必要だったりしてすぐに回答できない場合は、現在の状況を伝え、いつまでに回答できそうかを伝えるとよいでしょう。

●CCの指定がある場合は全員に返信する

受信したメールでCCに指定されている人がいれば、送信者は、これらの人と情報を共有しておきたいのだと考えましょう。したがって、返信する際には、送信者だけでなく、CCに指定されている人も含めて全員に返信します。ただし、CCに含まれている人はCCのまま返信します。**《全員に返信》**を使うと、全員の宛先を指定し直す必要がありません。

●引用文を活用する

メールを返信するときは、新規に返信用のメールを作成するのではなく、受信したメールを使用して返信するのが一般的です。これを**「引用」**といいます。引用を活用すると、送信側は効率よく返信メールを作成でき、受信側は自分が書いた文章を同時に確認することで、内容をすばやく理解できます。引用を活用する際は、受信したメールの文章に対応させて返事を書くと、会話のように受け答えができ、何に対する返事なのかがわかりやすくなります。回答すべき内容が複数あるか、それぞれの回答が長くなりそうな場合などに、この方法を使うとよいでしょう。

```
>来週の金曜日に、山口さんの歓迎会をすることになりました。
>出席できますか？

ぜひ出席させてください。

>別件ですが、来月登山の打ち合わせをしませんか？

了解しました。
```

4 メール転送時の注意点

受信したメールを第三者に送信することを**「転送」**といいます。メールの内容を知らせたい人へ転送すると、簡単に情報を共有することができます。
メールを転送するときは、次のようなことに注意しましょう。

●むやみに転送しない

送信者に断りもなく、転送しないようにします。送信者の名誉が傷ついたり、個人情報が漏れたりして、迷惑がかかることがあるかもしれません。転送する場合は、送信者の承諾を得るようにしましょう。

●転送する文章を変更しない

転送する相手に知らせる必要がない文章は、削除してもかまいません。ただし、転送する文章そのものを変更してはいけません。転送する文章に間違えがあった場合は、修正せずに間違っているという事実を伝え、正しい内容を補足します。

●コメントを一言添える

転送とはいえ、受信者の名前や前文なしに送り付けるのは失礼です。どのような意図で転送されたのかがわからず、読んでもらえない可能性もあります。本文の最初に、転送した理由や補足したいことなど、コメントを一言添えて転送するようにしましょう。

5 迷惑メールの対応

ウイルスメール、単なる広告メール、いたずらメールなど勝手に送られてくる不利益なメールを**「迷惑メール」**といいます。
迷惑メールが送られてきた場合には、次のように対応しましょう。

●迷惑メールは無視する

身に覚えのないメールや不審なメールは、添付ファイルを開いたり、本文中に記載されているURLをクリックしたりせずに速やかに削除するようにしましょう。また、安易に返信をすることも避けます。

●迷惑メールフィルターを使う

メールソフトによっては、メールソフト側でメールの件名や内容などを総合的に判断し、迷惑メールと判定したメールを**「迷惑メール」**フォルダーに振り分ける機能があります。この機能があれば、誤って不快なメールを読むこともなくなります。
ただし、オンラインショッピングなどの**「自動返信メール」**を迷惑メールと判断するなど、正確に判断できないこともあるので、必要なメールが迷惑メールフォルダーに振り分けられてしまっていないか、時々、迷惑メールフォルダーの中を確認するとよいでしょう。

よくわかる

第8章

Chapter 8

セキュリティ対策を万全にしよう

Step 1 セキュリティ対策の重要性を知ろう

1 パソコンの世界にある危険

パソコンは便利で楽しい道具ですが、パソコンを取り巻く世界には危険が潜んでいることを忘れてはいけません。パソコンを安全に使うためには、どのような危険があるのかを知って、適切な対策を講じる必要があります。
危険に対して無関心だったり、適切な対策を講じなかったりすることは、家に鍵をかけずに外出するのと同じことで、いつ被害にあってもおかしくありません。
まずは、どのような危険が潜んでいるのかを確認しましょう。

2 パソコンがウイルスに感染してしまう可能性

「コンピューターウイルス」とは、パソコンに入り込んでファイルを壊したり、パソコンの動作を不安定にしたりするような悪質なプログラムのことをいい、単に**「ウイルス」**とも呼ばれます。
パソコンがウイルスに感染すると、起動しなくなったり、極端に処理が遅くなったりなど、正常に動作しなくなることがあります。逆に、正常に動作しているけれども、ウイルスに感染していることもあります。
自分のパソコンがウイルスに感染していることを知らずに、ほかの人とファイルをやり取りしていると、自分が感染源となってウイルスを拡散させてしまうこともあります。自分が被害者になるだけでなく、加害者になる危険もあるのです。

●感染の原因

ウイルスに感染するのは、メールに添付されているファイルや、ホームページからダウンロードするファイルが原因であることがほとんどです。中にはCDやDVD内のファイルの場合もあります。ウイルスに感染したファイルを開いた時点で、そのパソコンはウイルスに感染してしまいます。
また、悪質なホームページには、そのホームページを表示しただけでウイルスに感染するものもあります。

●必要な安全対策

ウイルス対策として一番に心がけたいことは、**「怪しいファイルは開かない」**ことです。知らない人から届いたメールや、怪しいホームページからダウンロードしたファイルは絶対に開いてはいけません。怪しいものには興味をひくタイトルなどが付きものです。ついファイルを開いて、ウイルスに感染してしまうことにならないよう、普段から気を付けましょう。

また、**「ウイルス対策ソフト」**の導入は必須です。ウイルスの侵入防止のほか、万が一ウイルスに感染したときには退治してくれる強い味方です。

3 パソコンにスパイウェアが仕組まれる可能性

「スパイウェア」とは、氏名、住所、電話番号、クレジットカード番号などの個人情報を収集したり、どのようなホームページを閲覧したかといった操作情報を記録したりなど、情報を盗み出そうとする不正なソフトウェアです。

パソコンに対してよくない動きをするので、スパイウェアもウイルスの一種として分類されることが多くなっています。

●仕組まれる原因

スパイウェアは、ホームページからフリーソフトや体験版ソフトをダウンロードしてインストールするときに、一緒に組み込まれることが多いようです。

●必要な安全対策

スパイウェア対策としては、**「フリーソフトや体験版ソフトは、むやみにインストールしない」**ことです。

また、使用許諾契約の内容をよく読むことも大切です。インストール時に表示される使用許諾契約の画面に、情報を収集する目的のソフトウェアが一緒にインストールされることが記載されている場合もあります。きちんと読まないために、気が付かずにスパイウェアをインストールしている場合もあるので、使用許諾契約の内容は、しっかり読むようにしましょう。

また、**「スパイウェア対策ソフト」**を使って、スパイウェアのインストールや活動をしっかり監視しましょう。

4 パソコンに第三者が不正アクセスする可能性

自分のパソコンで世界中の情報を見ることができるということは、逆に自分のパソコンも世界中から見られる可能性があるということになります。つまり、情報を盗聴・改ざんしようとする**「クラッカー」**と呼ばれる人が、インターネットを経由して、自分のパソコンに侵入するかもしれません。パソコンに不正に侵入して悪事を働くことを**「不正アクセス」**といいます。最近では、インターネットに常に接続されているパソコンが多いため、不正アクセスの被害にあう可能性が高くなっています。

●不正アクセスの原因

不正アクセスの原因のひとつは**「なりすまし」**です。なりすましとは、不正にユーザー名やパスワードを入手した第三者が、本人のふりをしてパソコンを操作し悪用することです。なりすましの被害にあうと、身に覚えのない書き込みをされたり、購入した覚えのない商品の料金を請求されたりすることが考えられます。

また、なりすまし以外にも、不正アクセスの原因としては、**「セキュリティホール」**が挙げられます。ソフトウェアは何度も繰り返し検証した上で製品として提供されていますが、あとから不具合が発見される場合があります。この不具合を**「バグ」**といいます。ソフトウェアの開発元は完璧な製品づくりを目指していますが、パソコンの環境や使い方は千差万別で、ある条件下ではうまく動作しない現象などが、あとから発覚することがあるのです。バグの中には、インターネットを経由して不正アクセスの温床となってしまうようなものがあり、これをセキュリティホールといいます。

●必要な安全対策

不正アクセスされないための対策として有効なのは、**「ファイアウォール」**を使って外部からの侵入を監視することです。ファイアウォールは**「防火壁」**という意味で、クラッカーがパソコンにアクセスしたり、悪質なプログラムが侵入してパソコンを攻撃したりすることを防ぎます。

また、パソコン起動時のパスワードを設定したり、セキュリティホールを塞ぐために修正用プログラムを適用したりすることも大切です。

Windows ファイアウォール

Windowsには、「Windows ファイアウォール」という機能が備わっており、外部からの侵入を監視するように設定されています。

Step2 ウイルス対策・スパイウェア対策を行おう

1 Windows Defenderとは

ウイルスやスパイウェアからパソコンを守るための効果的な手段は、**「セキュリティ対策ソフト」**を使うことです。セキュリティ対策ソフトは、ウイルス対策ソフトとスパイウェア対策ソフトの機能を持ち、パソコンにウイルスやスパイウェアが侵入しそうになったらブロックしたり、感染した場合には駆除したりしてくれます。

Windowsには、ウイルス対策とスパイウェア対策の両方を行ってくれる「Windows Defender（ウィンドウズ ディフェンダー）」が用意されています。

2 Windows Defenderの起動

Windows Defenderを起動しましょう。

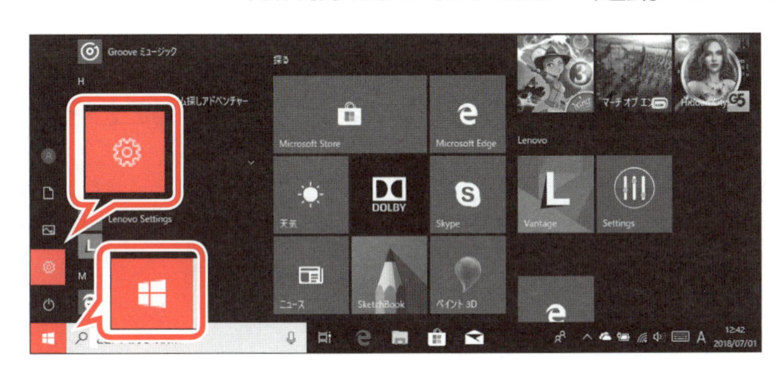

① （スタート）をクリックします。

② （設定）をクリックします。

③**《更新とセキュリティ》**をクリックします。

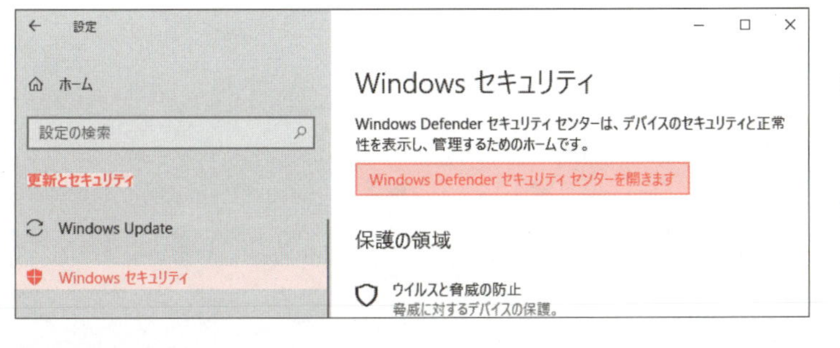

《更新とセキュリティ》が表示されます。

④左側の一覧から**《Windows セキュリティ》**を選択します。

⑤**《Windows Defenderセキュリティセンターを開きます》**をクリックします。

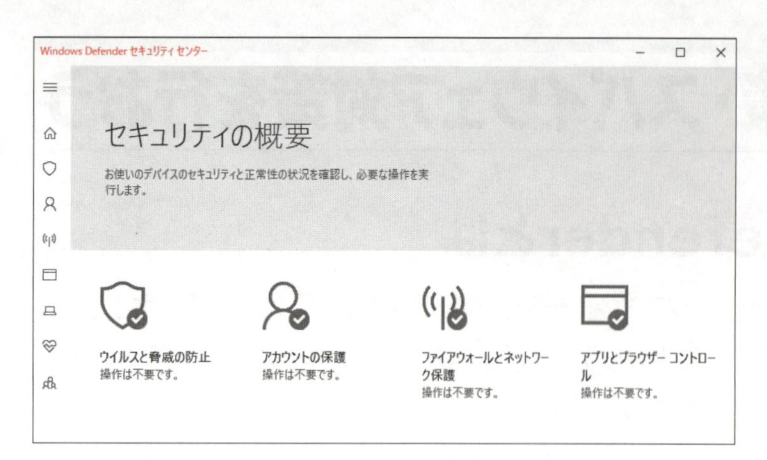

《Windows Defenderセキュリティセンター》が表示されます。

3 Windows Defenderの設定の確認

パソコンの中にウイルスやスパイウェアが侵入しようとしていないか、常に監視することを**「リアルタイム保護」**といいます。
Windows Defenderのリアルタイム保護が有効になっていることを確認しましょう。

①**《Windows Defenderセキュリティセンター》**が表示されていることを確認します。

②（設定）をクリックします。

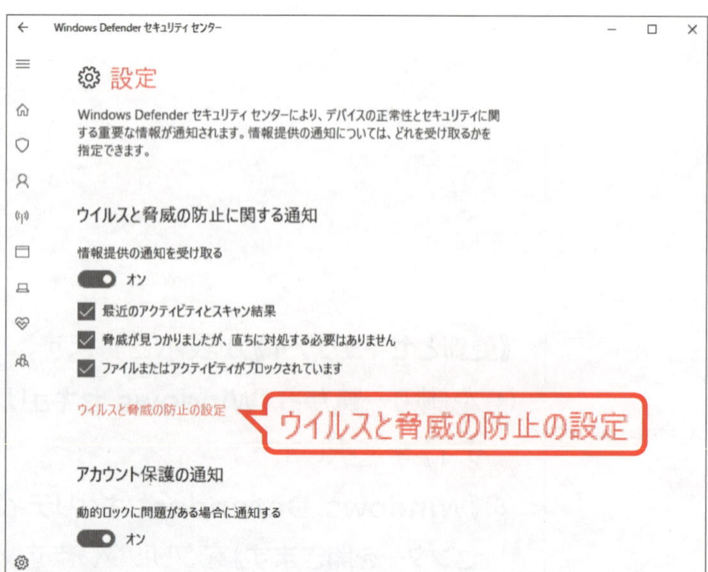

《設定》が表示されます。

③**《ウイルスと脅威の防止の設定》**をクリックします。

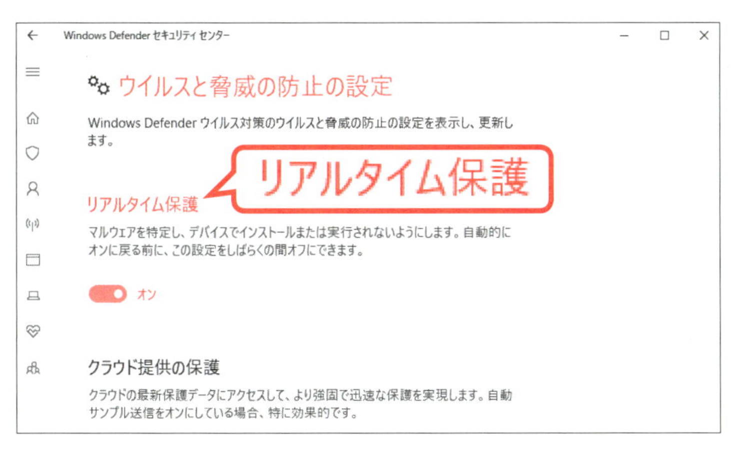

《**ウイルスと脅威の防止の設定**》が表示されます。

④《**リアルタイム保護**》がオンになっていることを確認します。

4 ウイルスおよびスパイウェアの定義の更新

ウイルスやスパイウェアを見分けるための情報は**「定義ファイル」**と呼ばれる専用のファイルに書き込まれています。このファイルを使って、ウイルスやスパイウェアの侵入を監視します。日々新しく登場するウイルスやスパイウェアを発見するには、この定義ファイルが常に最新でなければなりません。

定義ファイルは自動的に最新に更新されますが、手動で更新する方法も確認しておきましょう。

①《**ウイルスと脅威の防止の設定**》が表示されていることを確認します。

②左側の（ウイルスと脅威の防止）をクリックします。

③《**ウイルスと脅威の防止の更新**》をクリックします。

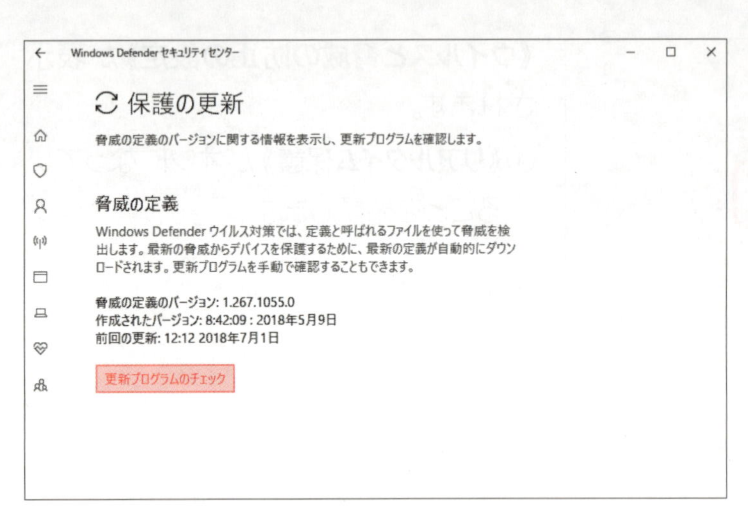

④**《更新プログラムのチェック》**をクリックします。

定義ファイルのダウンロード、インストールが行われ、ウイルスおよびスパイウェアの定義が最新に更新されます。

5 スキャンの実行

ウイルスやスパイウェアがパソコンに侵入していないかどうかを調べることを**「スキャン」**といいます。スキャンは、できれば毎日、少なくとも週に1回は実行しましょう。

①左側の［アイコン］（ウイルスと脅威の防止）をクリックします。

②**《今すぐスキャン》**をクリックします。

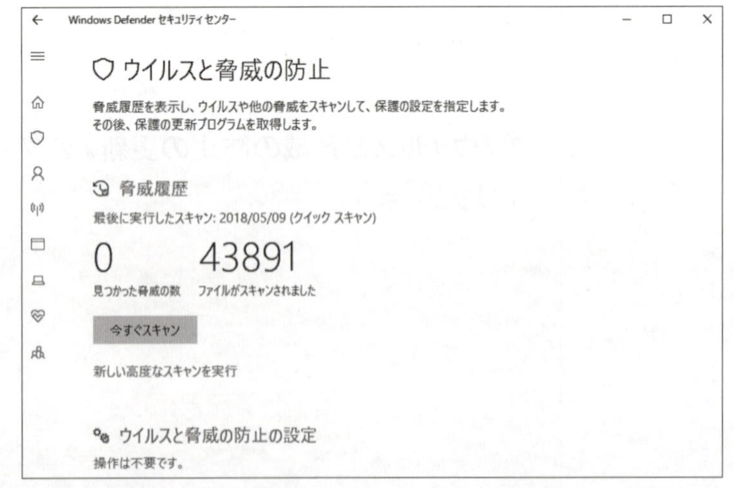

スキャンの結果が表示されます。

※お使いのパソコンによって、スキャンの結果は異なります。

※［×］をクリックし、《Windows Defender セキュリティセンター》と《設定》を閉じておきましょう。

POINT ▶▶▶

スキャンの種類

スキャンには、次のような種類があります。

種類	説明
クイックスキャン	パソコン内でウイルスやスパイウェアに感染しやすい場所だけをスキャンします。短時間でスキャンが終わります。
フルスキャン	パソコン内全体をスキャンします。時間はかかりますが、週に1回程度実行するようにします。
カスタムスキャン	パソコン内のドライブやフォルダーを指定してスキャンします。スキャンする場所が決まっている場合に使います。
Windows Defender オフラインスキャン	最新の定義ファイルを使って、Windows上からは確認が難しい悪意のあるソフトウェアを検出し削除します。

※《クイックスキャン》以外は、《新しい高度なスキャンを実行》をクリックして設定します。

ウイルスが発見された場合

ウイルスに感染した可能性があるファイルが発見されると、画面の右下にメッセージが表示されます。検出された内容は、Windows Defenderセキュリティセンターに表示され、自動的に削除できます。

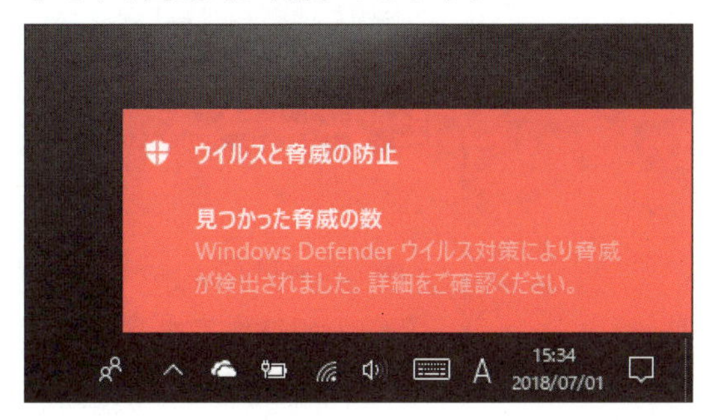

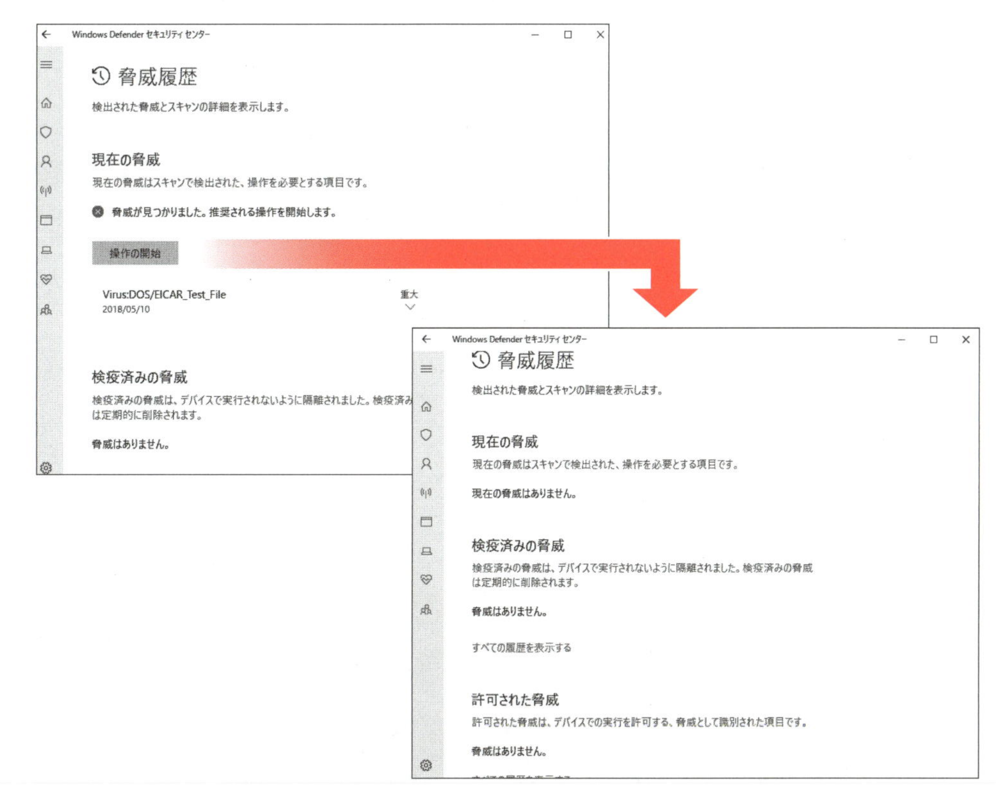

Step3 Windows Updateで最新の状態を維持しよう

1 Windows Updateとは

セキュリティホールなどの問題が発見されると、ソフトウェアの開発元から修正用プログラムが提供されます。Windowsの場合はマイクロソフト社から**「更新プログラム」**と呼ばれる修正用プログラムが提供されます。
Windowsには、**「Windows Update」**（ウィンドウズ アップデート）という機能が備わっており、自分のパソコンに必要な更新プログラムが自動的にインストールされるように設定されています。

更新プログラムを手動でインストールする

◆ (スタート)→ (設定)→《更新とセキュリティ》→《Windows Update》→《更新プログラムのチェック》

2 更新履歴の表示

以前にインストールされた更新プログラムを確認しましょう。

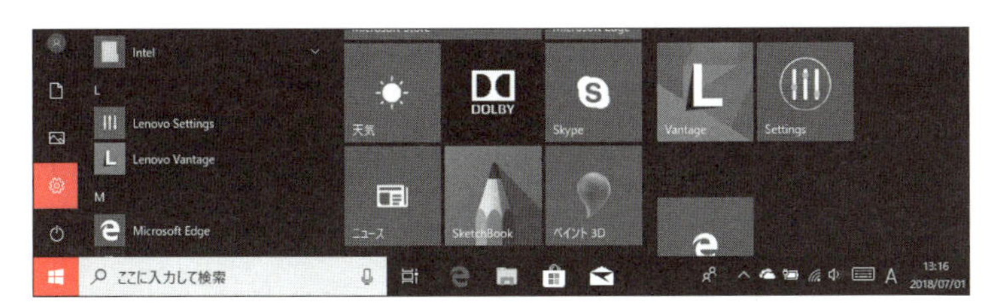

① (スタート)をクリックします。

② (設定)をクリックします。

《設定》が表示されます。

③《更新とセキュリティ》をクリックします。

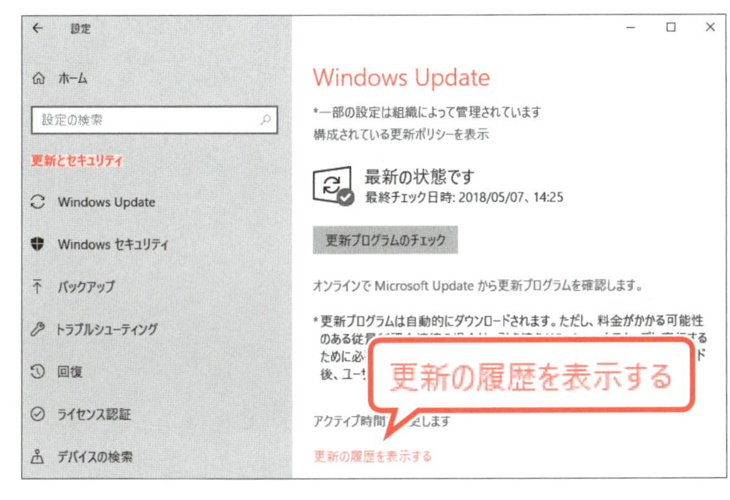

《更新とセキュリティ》が表示されます。

④《Windows Update》が表示されていることを確認します。

⑤《更新の履歴を表示する》をクリックします。

《更新の履歴》に以前インストールされた更新プログラムの一覧が表示されます。

※ をクリックし、《設定》を閉じておきましょう。

Step4 パソコン起動時のパスワードを変更しよう

1 パスワードの変更

Microsoftアカウントでパソコンにサインインする場合、自分がMicrosoftアカウントの正式なユーザーであることを証明するために、パスワードを入力します。パスワードを知らない人は、パスワードを入力できないため、パソコンを勝手に操作することができません。パスワードは、セキュリティ対策に欠かせないものです。

不正アクセスやパスワードの漏えいに備えて、推測されにくいパスワードに変更するとよいでしょう。

Microsoftアカウントのパスワードを変更する方法を確認しましょう。

POINT ▶▶▶

パスワードの付け方

名前や生年月日、電話番号など、本人の個人情報から推測できるようなパスワードは使わないようにします。パスワードを簡単に見破られないためには、「英字」「記号」「数字」などを組み合わせて、複雑なパスワードにしましょう。

①（スタート）をクリックします。

②（設定）をクリックします。

《設定》が表示されます。

③**《アカウント》**をクリックします。

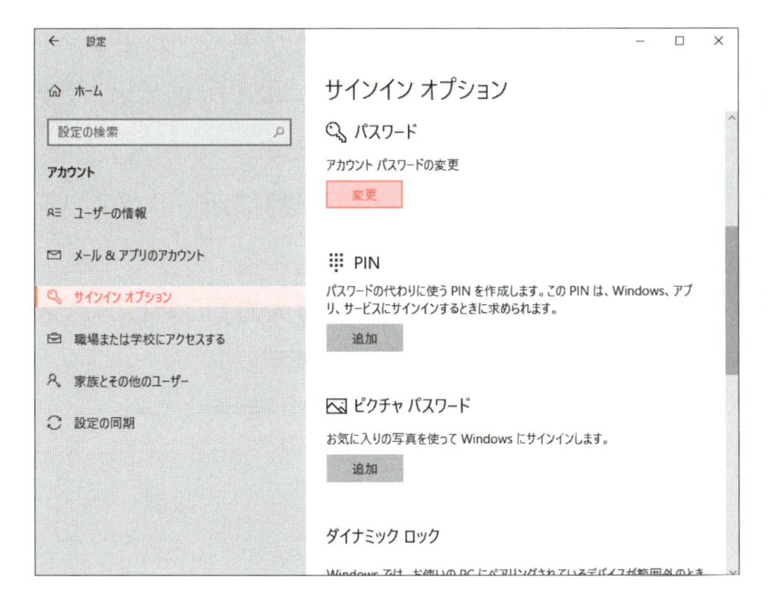

《アカウント》が表示されます。

④左側の一覧から**《サインインオプション》**を選択します。

⑤**《パスワード》**の**《変更》**をクリックします。

※Microsoftアカウントに登録するメールアドレスによっては、《情報の保護にご協力ください》という画面が表示される場合があります。この画面が表示された場合は、SMS（ショートメール）が受信できる携帯電話やスマートフォンの電話番号を入力してコードを送信します。携帯電話やスマートフォンにコードが届くので、その番号を入力して、指示に従って設定します。

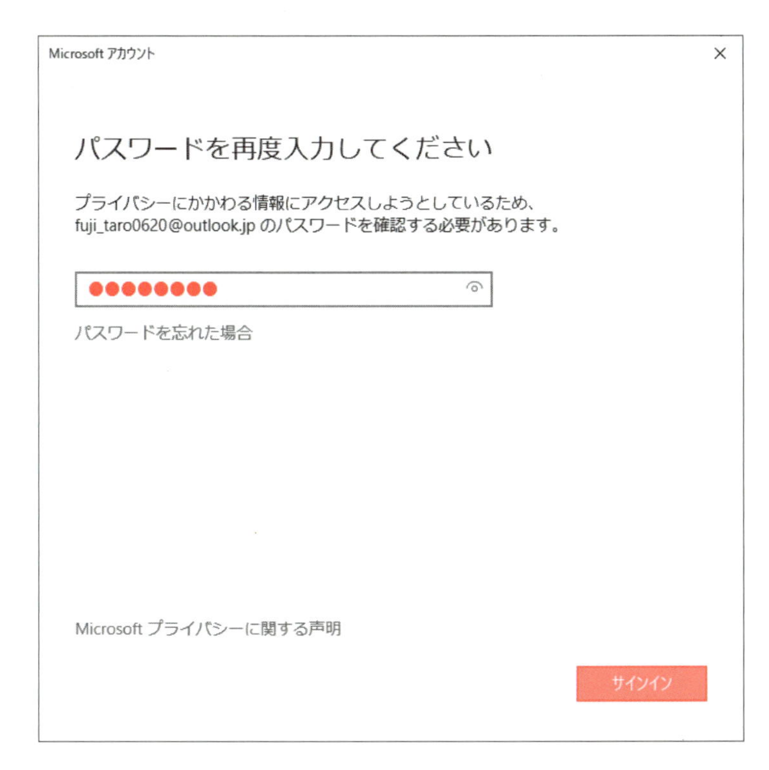

《パスワードを再度入力してください》が表示されます。

⑥**《パスワード》**に現在のパスワードを入力します。

※入力したパスワードは「●」で表示されます。

⑦**《サインイン》**をクリックします。

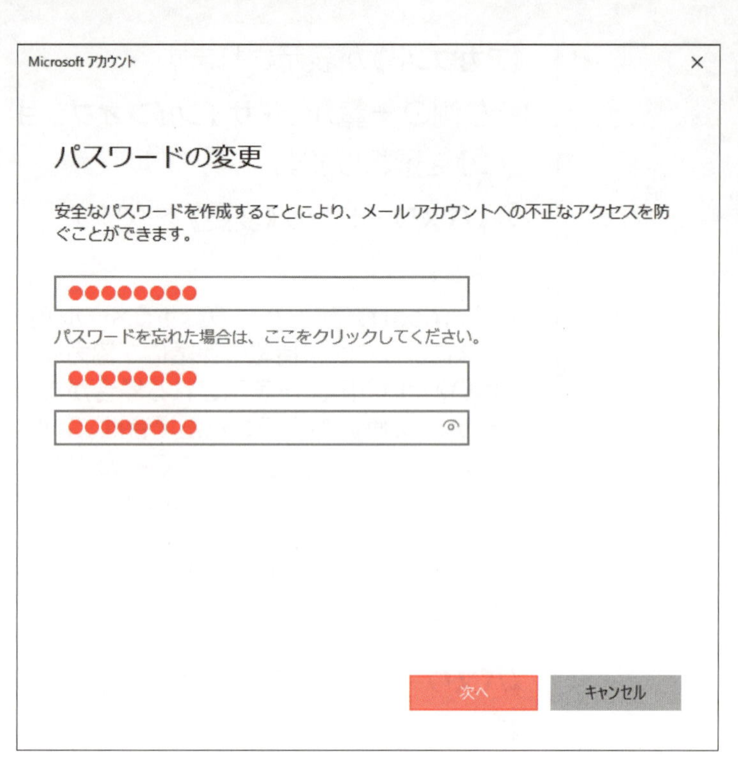

《パスワードの変更》が表示されます。

⑧《現在のパスワード》に現在のパスワードを入力します。

⑨《パスワードの作成》に新しいパスワードを入力します。

⑩《パスワードの再入力》に新しいパスワードを入力します。

⑪《次へ》をクリックします。

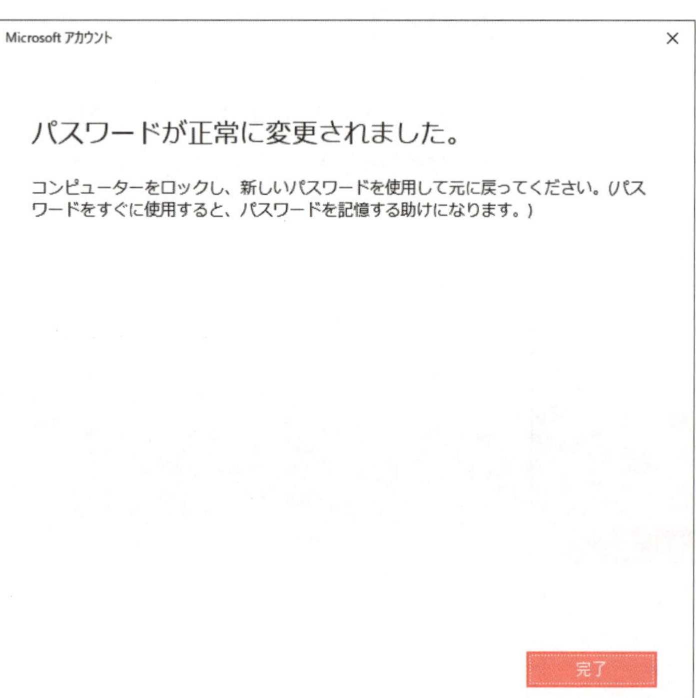

《パスワードが正常に変更されました。》が表示されます。

⑫《完了》をクリックします。

※ × をクリックし、《設定》を閉じておきましょう。

2 パスワードの入力

パソコンを再起動して、パスワードを入力しましょう。

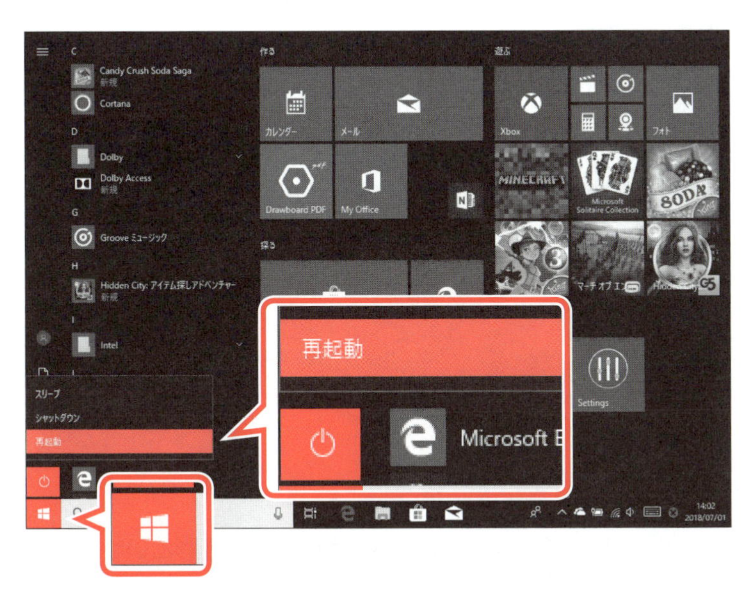

①（スタート）をクリックします。

②《電源》をクリックします。

③《再起動》をクリックします。

パソコンが再起動され、ロック画面が表示されます。

④クリックします。

パスワード入力画面が表示されます。

⑤設定したパスワードを入力します。

⑥ → をクリックします。

デスクトップが表示されます。

※OneDriveのサインイン画面が表示された場合は、Microsoftアカウントのユーザー名とパスワードを入力し、《サインイン》をクリックします。
OneDriveとは、マイクロソフト社が提供するインターネット上のデータ保管サービスです。Microsoftアカウントを取得していれば、誰でも無料で利用できます。

Windows Hello

「Windows Hello」とは、パスワードを使わずに、指紋や顔、眼球の虹彩といった生体認証でパソコンにサインインする方法です。
Windows Helloを設定する方法は、次のとおりです。

◆ （スタート）→ （設定）→《アカウント》→《サインインオプション》→《Windows Hello》

※指紋認証リーダーやカメラモジュールなどの生体センサーがついているパソコンで利用できます。

よくわかる

第9章 Chapter 9

いろいろなアプリを活用しよう

Step 1 フォトでデジタル写真を活用しよう

1 フォトとは

Windows 10には、デジタルカメラやスマートフォンで撮影した写真を表示・加工できる**「フォト」**というアプリが用意されています。
このフォトを使うと、パソコン内に保存されている写真を一覧で表示したり、明るさやコントラスト、色合いを調整したりすることができます。

2 パソコンとデジタルカメラの接続・写真の取り込み

フォトを利用するには、まずパソコン内の**「ピクチャ」**という領域に写真ファイルを入れておく必要があります。パソコンとデジタルカメラをUSBケーブルで接続して、パソコンのピクチャ内に写真を取り込みましょう。

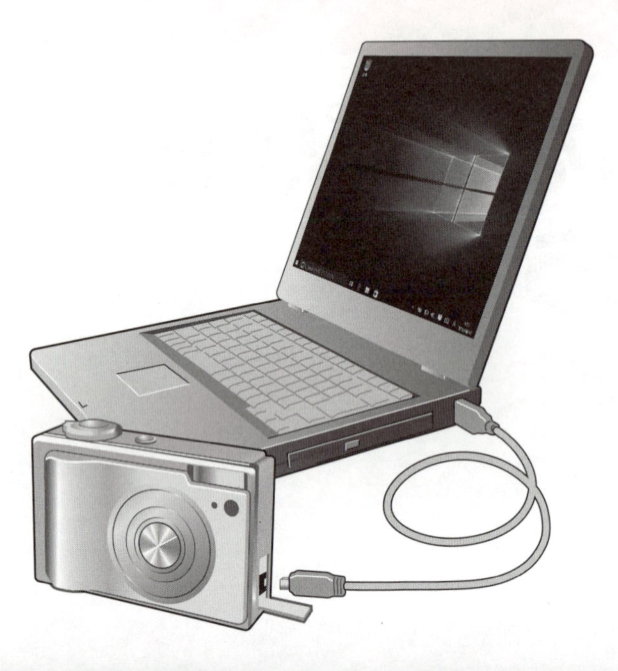

①パソコンの電源が入り、デスクトップが表示されていることを確認します。

②パソコンとUSBケーブルを接続します。

※差し込み口の位置や形状を確認して正しく接続しましょう。

③デジタルカメラとUSBケーブルを接続します。

④デジタルカメラの電源を入れます。

※画面の右下に《（F:）》が表示される場合は、枠内をポイントし ✕ をクリックしておきましょう。
お使いのパソコンによって、表示される内容は異なります。

⑤タスクバーの （エクスプローラー）をクリックします。

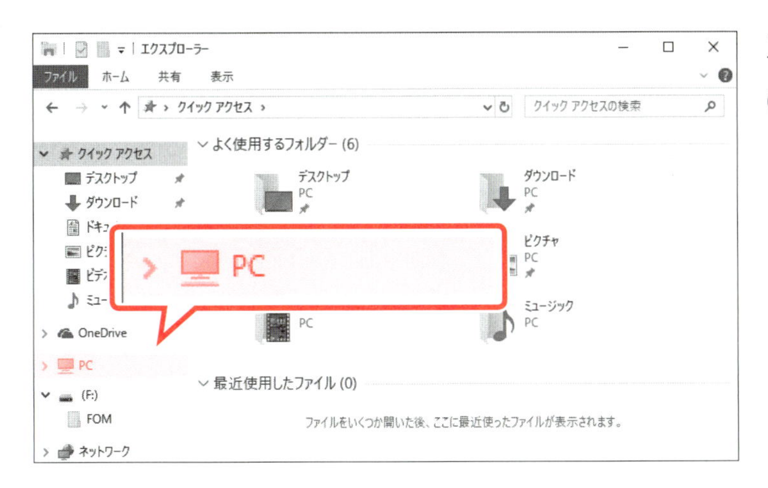

エクスプローラーが起動します。

⑥《PC》をクリックします。

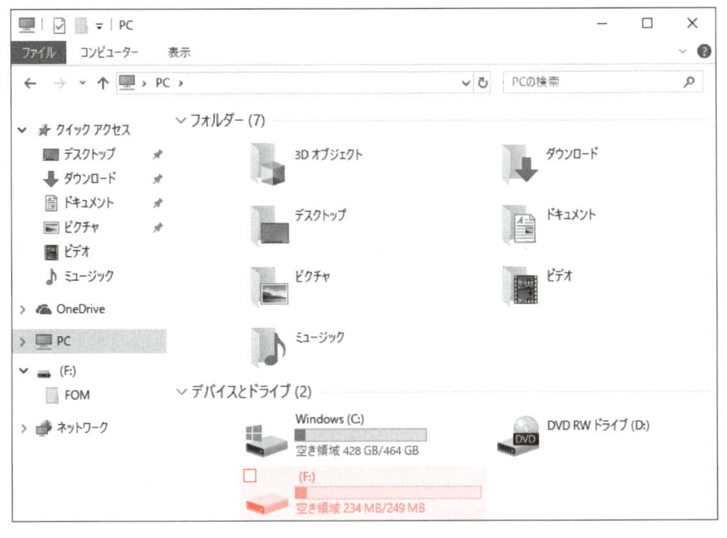

《PC》が表示されます。

⑦《（F:）》をダブルクリックします。

※お使いのパソコンによって、表示される内容は異なります。

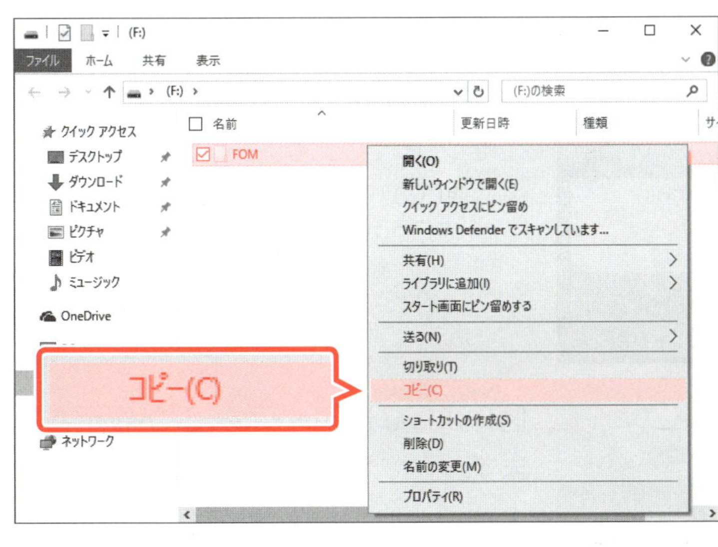

デジタルカメラに保存されているデータが表示されます。

⑧写真が保存されているフォルダーを右クリックします。

※お使いのデジタルカメラによって、フォルダー名は異なります。ここでは、フォルダー名を「FOM」としています。

ショートカットメニューが表示されます。

⑨《コピー》をクリックします。

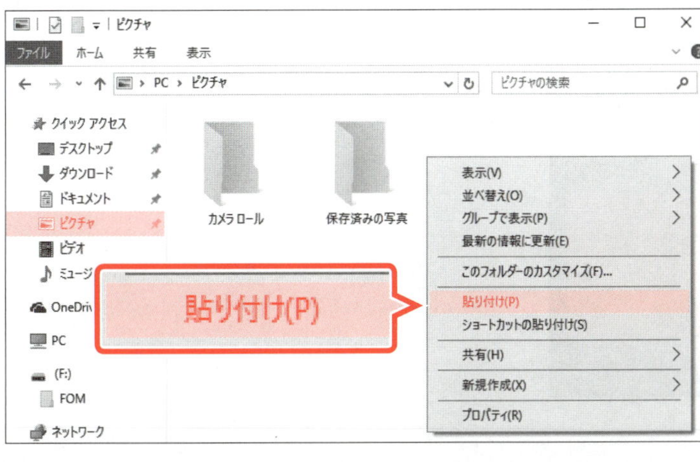

⑩《クイックアクセス》の《ピクチャ》をクリックします。

《ピクチャ》が表示されます。

⑪ウィンドウ内の空白の場所を右クリックします。

ショートカットメニューが表示されます。

⑫《貼り付け》をクリックします。

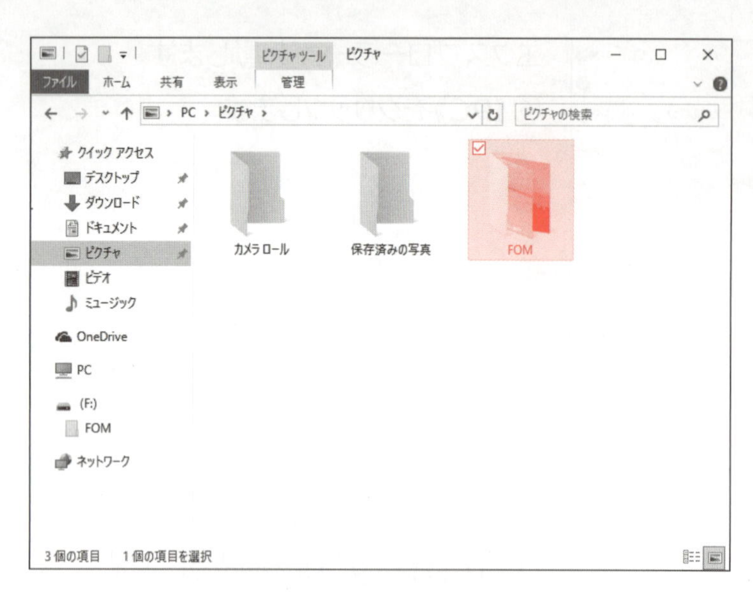

写真が保存されているフォルダーがコピーされます。

※ × をクリックし、《ピクチャ》を閉じておきましょう。

3 デジタルカメラの取り外し

写真を取り込むことができたら、パソコンからUSBケーブルを取り外します。安全に取り外す方法を確認しましょう。

①タスクバーの ^（隠れているインジケーターを表示します）をクリックします。

②（ハードウェアを安全に取り外してメディアを取り出す）をクリックします。

③**《USB Mass Storageの取り出し》**をクリックします。

※お使いのパソコンやデジタルカメラによって、表示される項目名は異なります。

図のような通知メッセージが表示されます。

④デジタルカメラの電源を切ります。

⑤パソコンからUSBケーブルを取り外します。

スマートフォンから写真を取り込む

最近では、デジタルカメラより気軽なため、スマートフォンで写真を撮影することが多くなっています。スマートフォンから写真を取り込むには、パソコンとスマートフォンをUSBケーブルで接続して写真をコピーします。

※スマートフォンにパスワードを設定している場合は、パスワードを入力して、スマートフォンを使用できる状態にしておく必要があります。

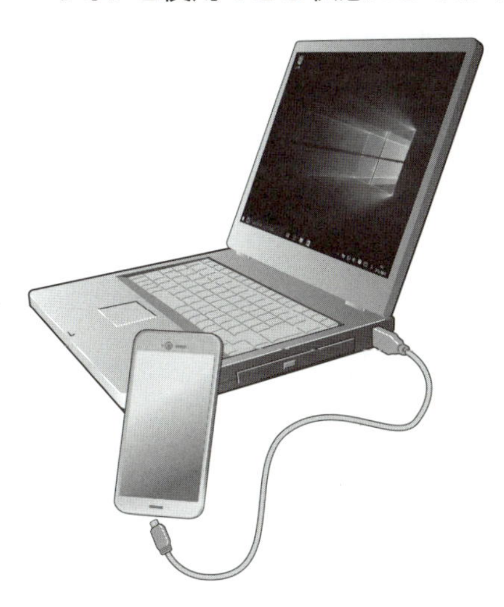

メモリカード

デジタルカメラで撮影した写真は、デジタルカメラにセットされている「メモリカード」に保存されます。ほとんどのデジタルカメラにはメモリカードは付属していないので、別途購入する必要があります。

メモリカードには次のような種類があります。デジタルカメラによって対応するメモリカードの種類は決まっているので、購入前に調べておきましょう。

●SDメモリカード

●microSDメモリカード

カードリーダの利用

デジタルカメラからメモリカードを抜き取り、それをパソコンにセットすることで、写真を取り込むこともできます。メモリカードをセットする装置を「カードリーダ」といいます。カードリーダが内蔵されているパソコンもありますが、内蔵されていない場合でも、外付けのカードリーダを接続して利用できます。

●パソコン内蔵タイプ

●外付けタイプ

4 フォトの起動

フォトを使うと、パソコン内に取り込んだ写真を日付順に自動的に仕分けしてくれます。時系列に分類された状態で表示されるので、写真の整理に役立ちます。
ピクチャに写真を取り込むことができたら、フォトを起動しましょう。

①　（スタート）をクリックします。
②《フォト》をクリックします。

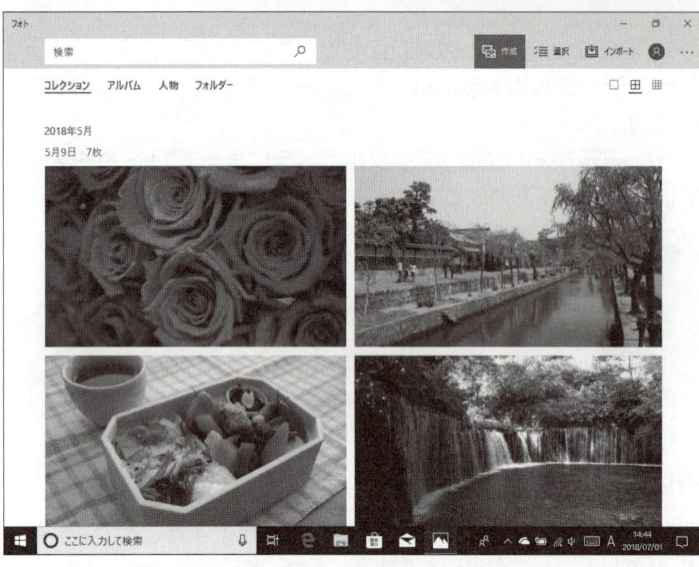

フォトが起動します。
③《コレクション》の一覧にピクチャに取り込んだ写真が表示されていることを確認します。
※ □ をクリックして、操作しやすいようにフォトを画面全体に表示しておきましょう。

スタートメニューでの確認

フォトで表示された写真は、スタートメニューのタイルにも表示されます。

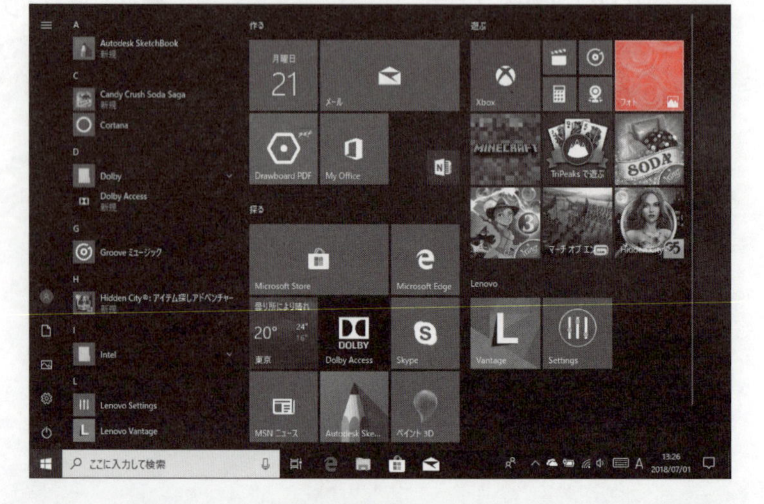

5 写真の表示

写真を1枚ずつ大きく表示しましょう。

①《コレクション》の一覧から写真を選択します。

選択した写真が表示されます。

② ＞ (次へ)をクリックします。

※ ＞ (次へ)が表示されていない場合は、マウスを動かします。

次の写真が表示されます。

③ ＞ (次へ)をクリックします。

次の写真が表示されます。

※同様の操作で、続く写真も確認しておきましょう。

④ < (前へ)をクリックします。

※ < (前へ)が表示されていない場合は、マウスを動かします。

前の写真に戻ります。

⑤ ← をクリックします。

《コレクション》の一覧に戻ります。

6 写真の印刷

写真を1部印刷しましょう。

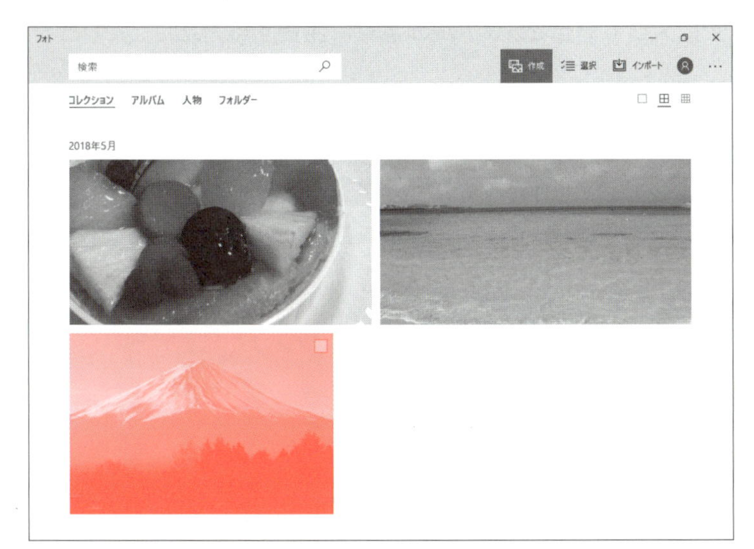

①《**コレクション**》の一覧から写真を選択します。

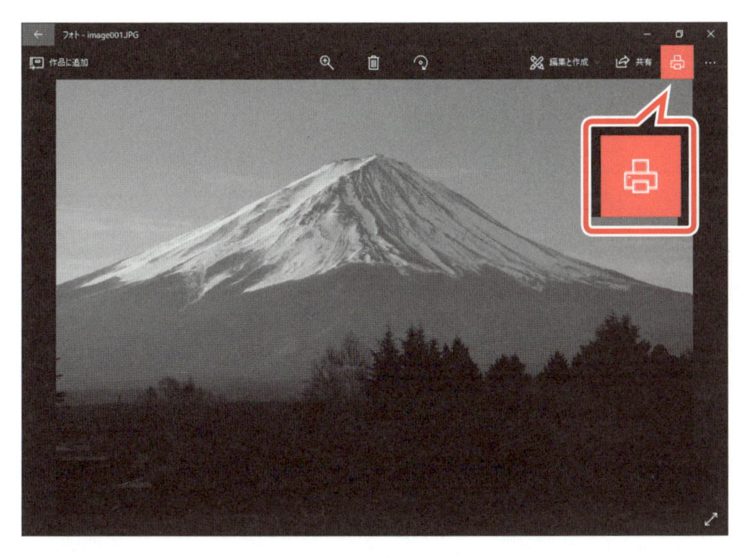

選択した写真が表示されます。

② （印刷）をクリックします。

《**印刷**》が表示されます。

③《**プリンター**》に設定しているプリンターが表示されていることを確認します。

※複数のプリンターを設定している場合は、印刷するプリンターを選択します。

④《**印刷の向き**》の をクリックし、一覧から《**横**》を選択します。

⑤《**印刷**》をクリックします。

写真が1部印刷されます。

※ をクリックして、フォトを終了しておきましょう。

POINT ▶▶▶

写真をデスクトップの背景にする

デスクトップの背景は、自分の好きな写真に変更することができます。
デスクトップの背景をピクチャに入っているオリジナルの写真に変更する方法は、次のとおりです。

◆デスクトップのアイコンがない場所を右クリック→《個人用設定》→左側の一覧から《背景》を選択→《背景》の一覧から《画像》を選択→《参照》→画像を選択→《画像を選ぶ》

POINT ▶▶▶

メールに写真を添付して送信する

メールは、文字だけでなく、デジタルカメラで撮影した写真や、アプリで作成したファイルなどを添えて一緒に送ることができます。
メールに写真を添付して送信する方法は、次のとおりです。

◆メールを起動→＋（新規メール）→《挿入》→《ファイルの追加》→画像を選択→《開く》

Step2 マップで目的地までの行き方を調べよう

1 マップとは

Windows 10には、現在地や目的地を地図で確認できる**「マップ」**というアプリが用意されています。マップを使うと、目的地までどのようなルートで行けばよいかを簡単に検索できます。

2 マップの起動

マップを起動しましょう。

① (スタート)をクリックします。

②**《ま》**の**《マップ》**をクリックします。

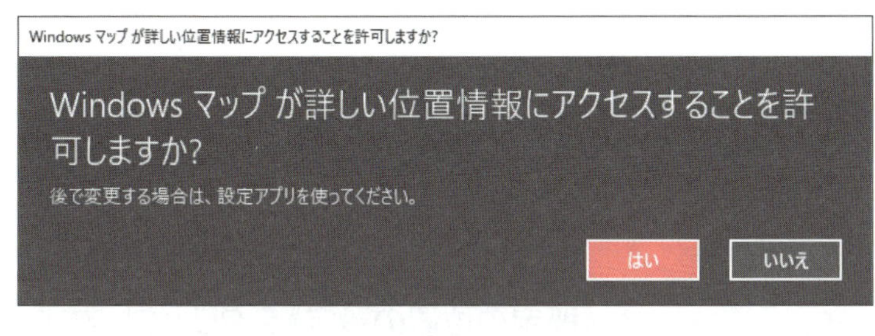

《Windowsマップが詳しい位置情報にアクセスすることを許可しますか?》が表示されます。

※パソコンの位置情報を使用することに同意を求めるメッセージです。

※はじめて起動した場合に表示されます。

③**《はい》**をクリックします。

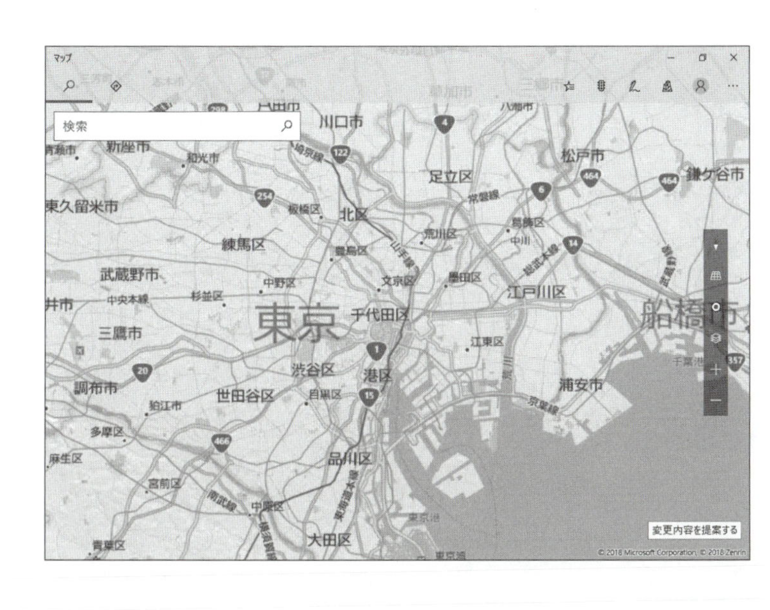

マップが起動します。

※ をクリックして、操作しやすいようにマップを画面全体に表示しておきましょう。

※**《マップの新機能》**が表示された場合は、閉じておきましょう。

3 既定の位置の設定

マップ上に現在地の正確な情報を設定することができます。
現在地を設定しましょう。

①［…］（さらに表示）をクリックします。

②**《設定》**をクリックします。

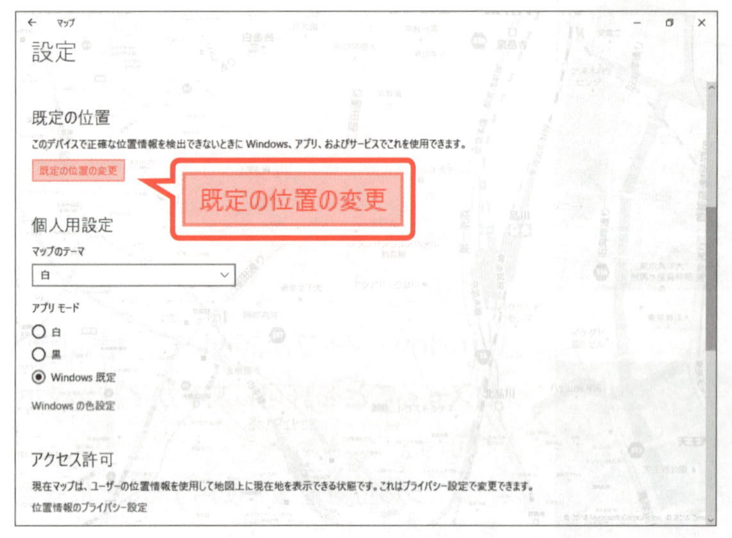

設定が表示されます。

③**《既定の位置の変更》**をクリックします。

④**《既定の位置の設定》**をクリックします。

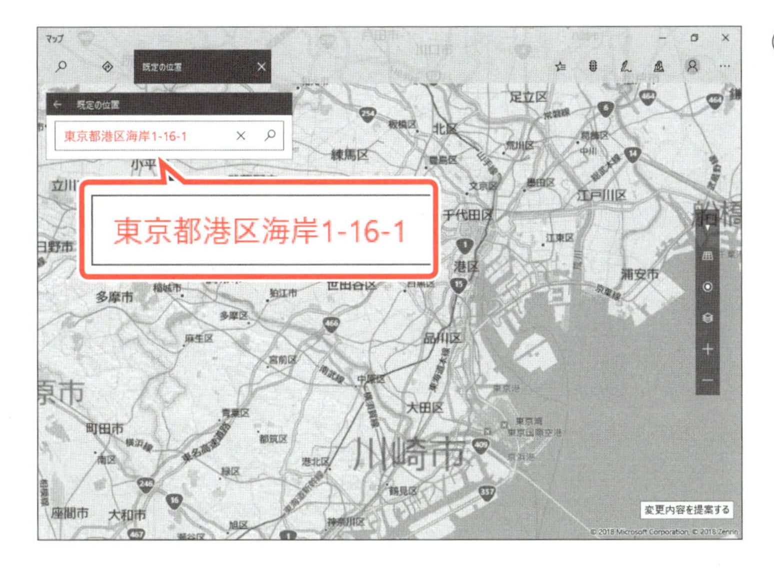

⑤**《保存されている位置を入力してください》**に現在地の住所を入力し、【Enter】を押します。

現在地が表示されます。

4 目的地の検索

行ってみたい場所の住所や、建物名などのキーワードを入力すると、その場所の地図を表示できます。
皇居外苑の地図を表示しましょう。

①［検索アイコン］（検索）をクリックします。
②**《検索》**ボックス内に**「皇居外苑」**と入力します。
※文字入力に呼応するように、ボックスの下側に検索結果が表示されます。
③検索結果の一覧から**「皇居外苑　東京都皇居外苑」**をクリックします。

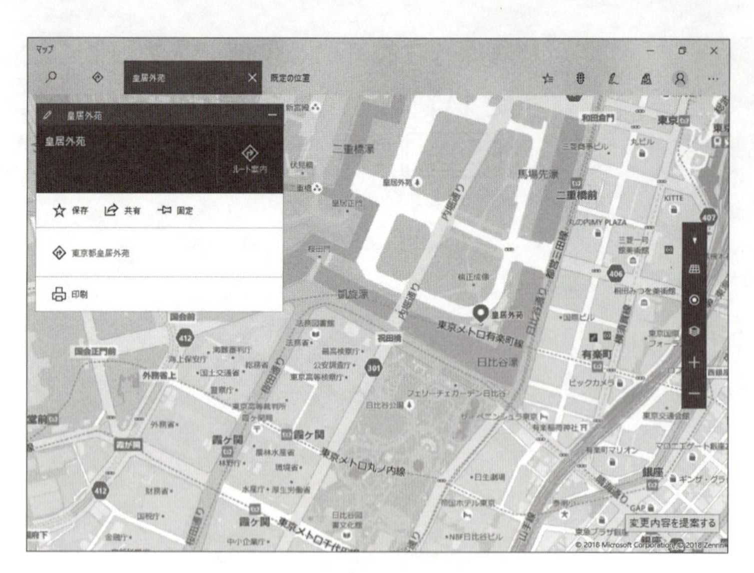

皇居外苑の地図が表示されます。

現在地の表示

ほかの場所の地図を表示したあとに、現在地の地図に戻る場合は、◉（現在地を表示）を使います。

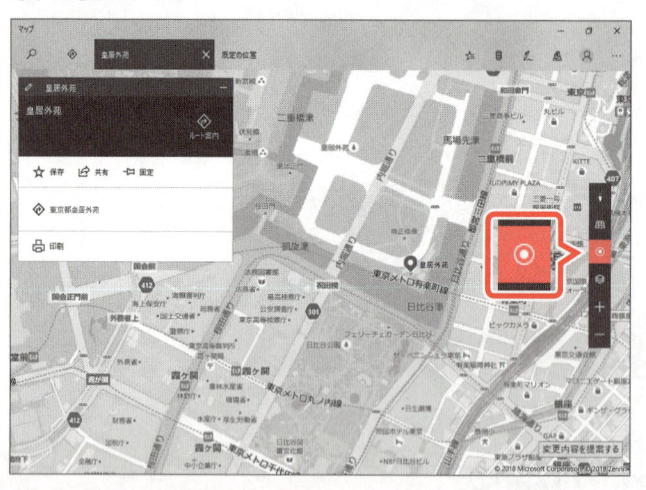

5 ルート検索

東京駅から皇居外苑までの行き方を調べましょう。

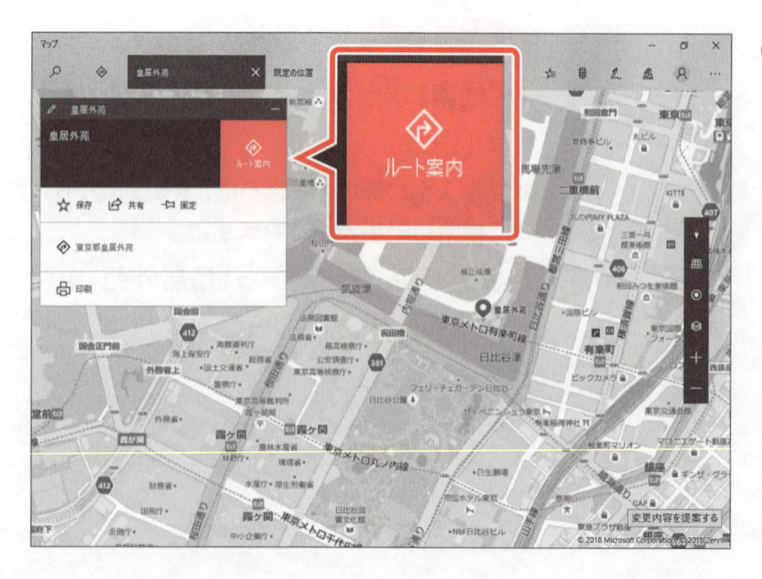

①皇居外苑の**《ルート案内》**をクリックします。

地図にルートが表示されます。

②《**ルート案内**》の《**A**》に「**東京駅**」と入力します。

※《A》は、出発地を表します。検索結果の一覧が表示された場合は、「東京駅　東京都」を選択します。

③《**B**》に《**皇居外苑**》と表示されていることを確認します。

※《B》は、到着地を表します。

④ (車)が選択されていることを確認します。

現在表示されているルートは、自動車で移動する場合のルートです。

⑤ (路線)をクリックします。

⑥《**ルート案内**》をクリックします。

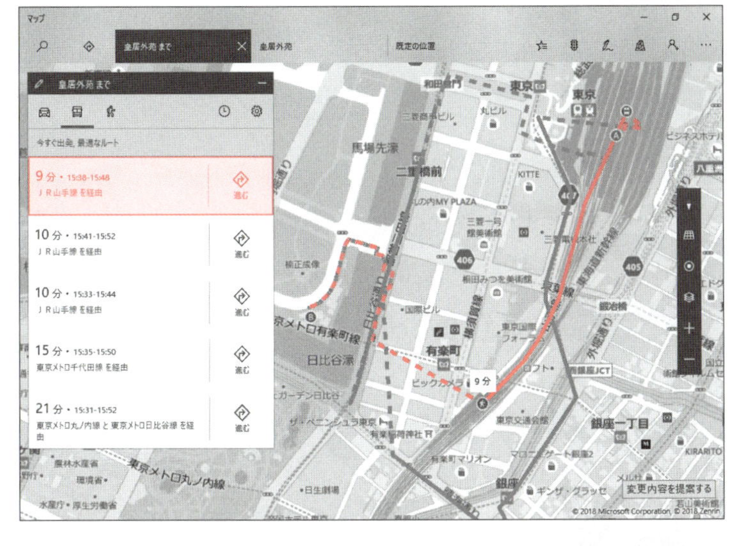

電車で移動する場合のルートが表示されます。

⑦一覧から任意のルートを選択します。

現在地から目的地までの行き方が詳しく表示されます。

※ ✕ をクリックして、マップを終了しておきましょう。

Step3 ゲームで遊ぼう

1 ゲームで遊ぶ

「Microsoft Solitaire Collection(マイクロソフト ソリティア コレクション)」には、楽しいカードゲームがいろいろ用意されています。
Microsoft Solitaire CollectionにあるKlondike(クロンダイク)で遊びましょう。

① (スタート)をクリックします。
②《M》の《**Microsoft Solitaire Collection**》をクリックします。
※《Microsoft Solitaire Collectionへようこそ》が表示される場合は、《OK》をクリックします。

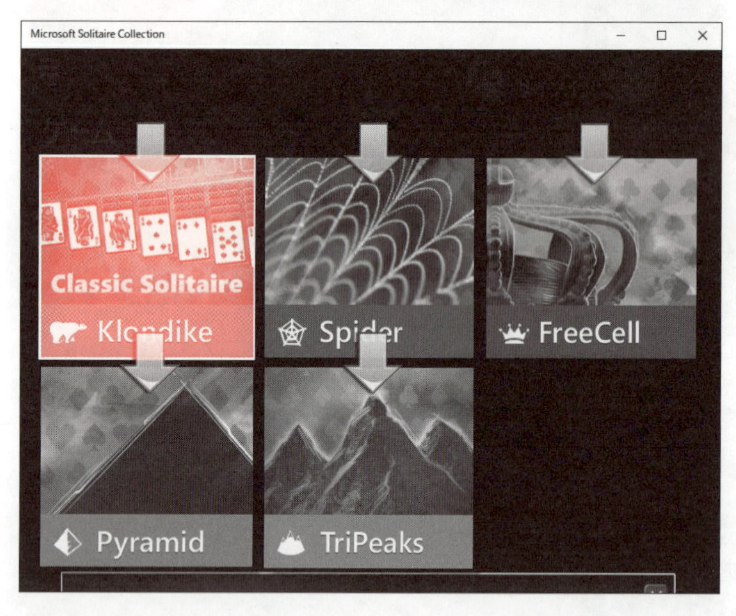

Microsoft Solitaire Collectionが起動します。
③《**Klondike**》をクリックします。

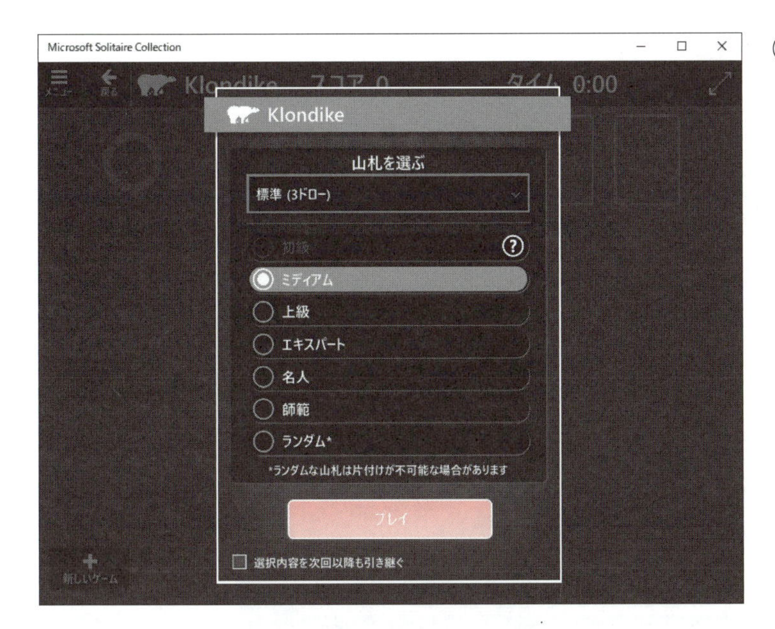

④山札や難易度を選択し、**《プレイ》**をクリックします。

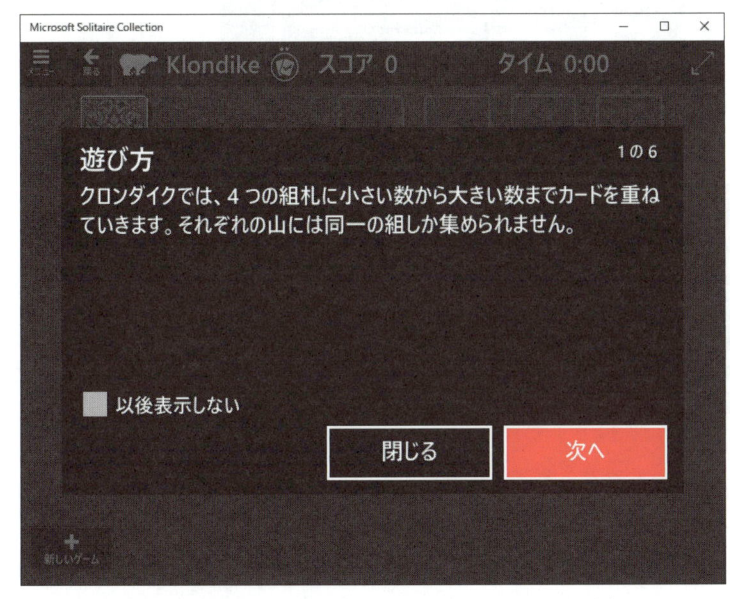

Klondikeの遊び方が表示されます。

⑤遊び方を確認し、**《次へ》**をクリックします。

※《その種類の山札ですか?》と表示された場合は、× をクリックしておきましょう。

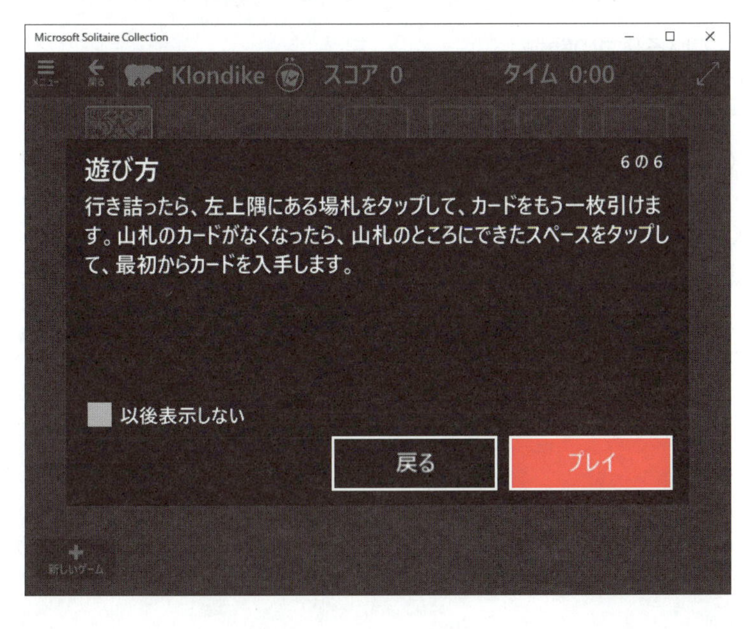

⑥最後まで遊び方を確認したら、**《プレイ》**をクリックします。

※ × をクリックして、Klondikeを終了しておきましょう。

POINT ▶▶▶

Klondikeの遊び方

Klondikeは、山札と場札にあるカードを、マーク（♠、♥、♦、♣）ごとに「1」から「K」の順番に、組札に積み重ねるゲームです。すべてのカードを組札に積み重ねることができたら、クリアです。

※毎回必ずクリアできるゲームではありません。

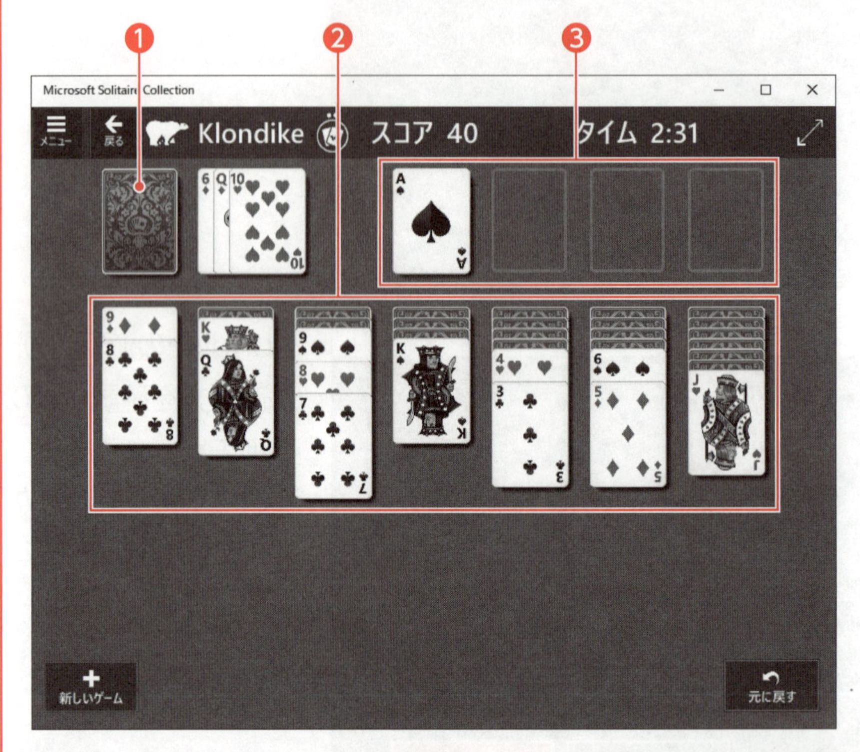

❶山札

- あらかじめカードが積んである領域。
- クリックすると3枚のカードが表向きになる。
- 表向きになった1番上のカードだけを場札や組札に移動できる。

❷場札

- あらかじめカードが配られている7つの領域。
- 表向きのカードだけ移動できる。
- 一番上で裏向きになっているカードだけを表向きにできる。
- 赤（♥、♦）と黒（♠、♣）のカードを交互に、数字が1ずつ小さくなるように積み重ねることができる。
- 場札の空き領域には、「K」のカードだけ置くことができる。

❸組札

- マークごとにカードを「1」から「K」の順番に積み重ねていく4つの領域。

Step4 Cortanaでわからないことを調べよう

1 Cortanaとは

「Cortana（コルタナ）」は、ユーザーが問いかけると、その問いかけに対して、パソコンが答えを返してくれるヘルプ機能です。キーボードから文字を入力して問い合わせるだけでなく、マイクを使って音声で話しかけることもできます。

「午後3時に来客」「富士山の高さは？」「今日の天気は？」など、どのような内容でも自由に問いかけることができます。パソコンが相談相手になってくれる便利な機能です。

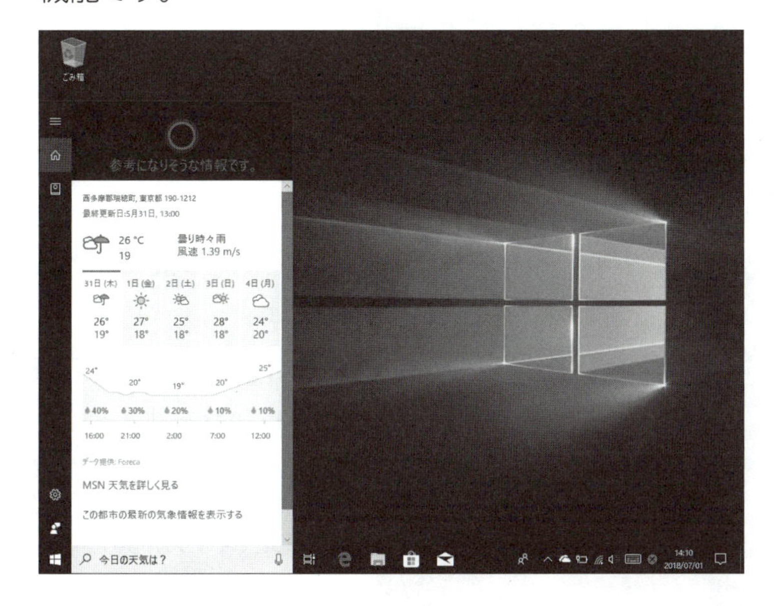

POINT ▶▶▶

Microsoftアカウントの利用

Cortanaの様々な機能を利用するには、Microsoftアカウントが必要です。ローカルアカウントでサインインしている場合は、次のようなメッセージが表示されます。画面の指示に従ってMicrosoftアカウントを入力してから、操作を続けましょう。

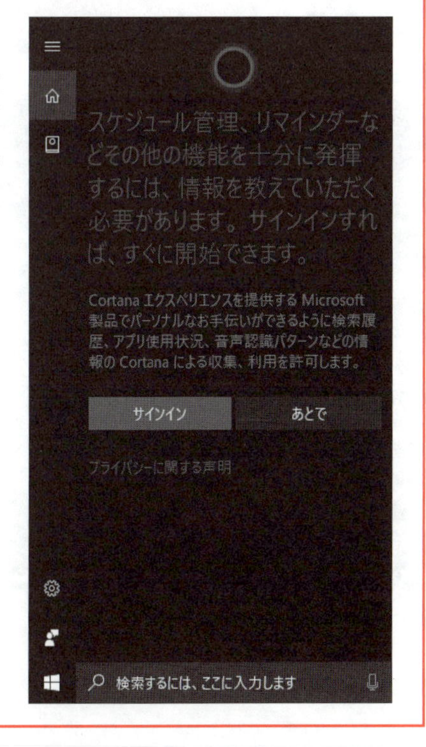

2 音声による質問

マイクを使って、Cortanaに**「午後3時に来客」**と話しかけ、午後3時にアラームが鳴るように設定しましょう。パソコンにマイクが内蔵されていない場合、外付けマイクを接続しましょう。

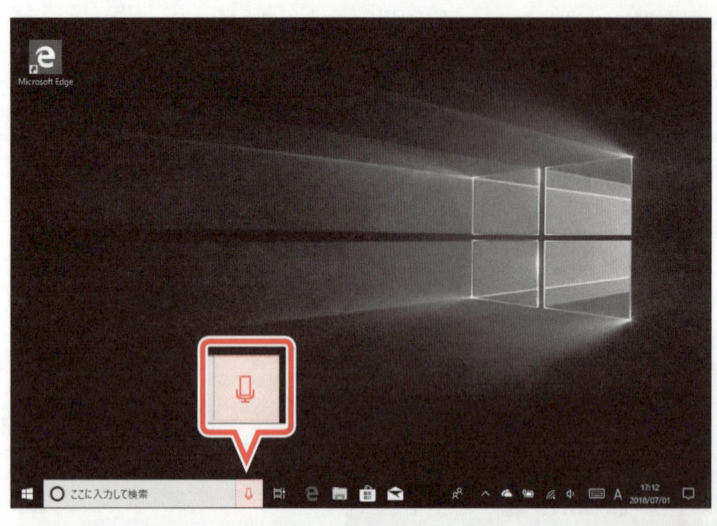

①マイクが接続されていることを確認します。

②（Cortanaに話しかける）をクリックします。

検索ボックスに**《聞き取り中》**と表示されます。

③マイクに向かって**「午後3時に来客」**と話しかけます。

※《聞き取り中》と表示されている間に話しかけましょう。《何でも聞いてください》が表示されると、マイクからの聞き取りを終了します。

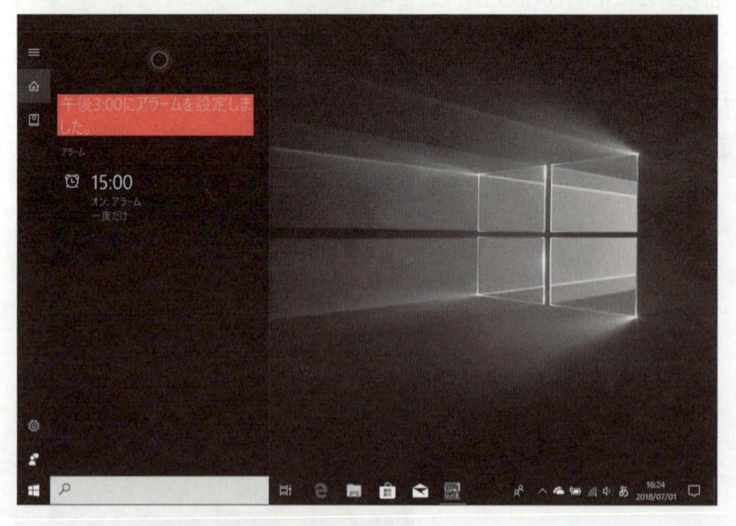

しばらくすると、**《午後3：00にアラームを設定しました。》**と表示されます。

午後3時になるとアラームが鳴るように、パソコンが自動的に設定されます。

※《アラーム設定を解除》と話しかけると、アラームの設定を解除できます。

POINT ▶▶▶

マイクのセットアップ

マイクが接続されていない、マイクがミュート(消音)になっているなど、マイクが正しく認識されない場合、《マイクのセットアップ》の画面が表示されます。《許可します》をクリックし、画面の指示に従って、マイクの設定を行いましょう。

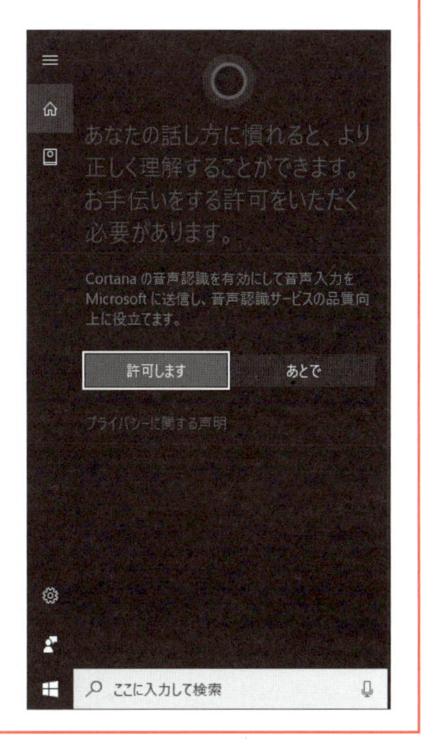

3 キーワード検索

キーボードから**「午後3時に来客」**と入力して、午後3時にアラームが鳴るように設定しましょう。

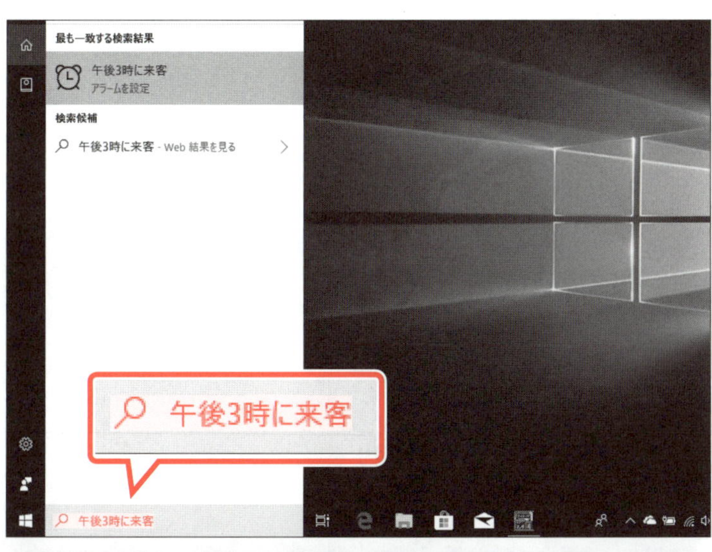

①検索ボックス内に**「午後3時に来客」**と入力し、Enterを押します。

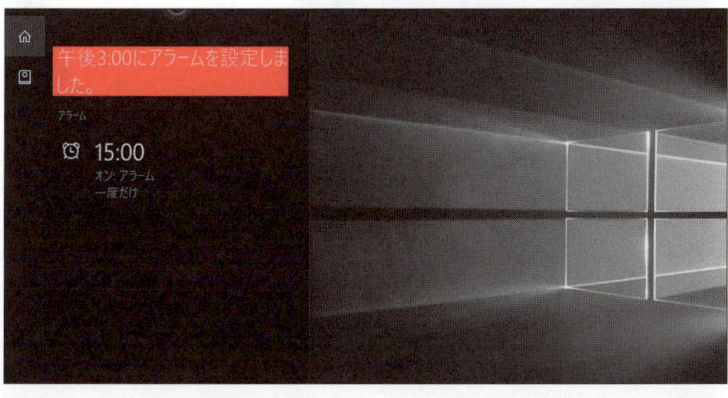

しばらくすると、**《午後3:00にアラームを設定しました。》**と表示されます。

午後3時になるとアラームが鳴るように、パソコンが自動的に設定されます。

※《アラーム設定を解除》と入力すると、アラームの設定を解除できます。

Microsoft Store（マイクロソフト ストア）からアプリを追加する

タスクバーの （Microsoft Store）をクリックすると、「Microsoft Store」が起動します。Microsoft Storeから、学習アプリやパズルゲームなどの様々なアプリをダウンロードしてパソコンに追加することができます。無料でダウンロードできるアプリもあるので、試してみるとよいでしょう。

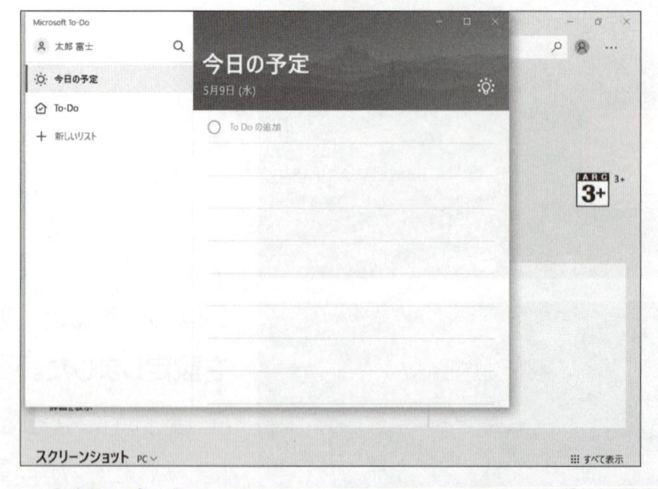

※有料アプリをインストールする場合は、《購入》ボタンをクリックし、メッセージに従って購入手続きが必要です。購入後の払い戻しはできませんので、ご注意ください。

よくわかる

付録 Appendix

パソコンのトラブルを解決しよう

Appendix パソコンのトラブルを解決しよう

Q&A1 パソコンの電源が入らない

パソコンの電源が入らない場合は、電源コードが抜けていたり、緩んでいたりする可能性があります。電源コードが接続されているように見えても、電源コードを一旦抜いて、しっかり差し込みましょう。
また、ディスプレイの電源が入っていないだけで、パソコンの電源が入っていないと勘違いしてしまう場合もあります。ディスプレイの電源を入れて、パソコンの状態を確認しましょう。
それでも電源が入らない場合は、パソコンが故障している可能性があります。パソコンメーカーに問い合わせるとよいでしょう。

Q&A2 自動的に画面が暗くなってしまう

パソコンをしばらく操作せずにいると、自動的に画面が真っ暗になってしまうことがあります。これは、Windowsの電力を節約するための機能が働いているからです。ディスプレイは電力を多く消費するため、パソコンを使用していないときは電源を切っておくと節電になります。特に、バッテリー駆動中のノートパソコンの場合は、バッテリーの減りをおさえることができます。
すぐに画面が暗くなって困るという場合には、ディスプレイの電源を切断するまでの時間を長めに変更しましょう。
ディスプレイの電源を切断するまでの時間を設定する方法は、次のとおりです。

①（スタート）をクリック
②（設定）をクリック
③**《システム》**をクリック

④左側の一覧から**《電源とスリープ》**を選択

⑤**《画面》**の**《次の時間が経過後、ディスプレイの電源を切る（バッテリー駆動時）》**から時間を選択

※ノートパソコンの場合に表示されます。

⑥**《画面》**の**《次の時間が経過後、ディスプレイの電源を切る（電源に接続時）》**から時間を選択

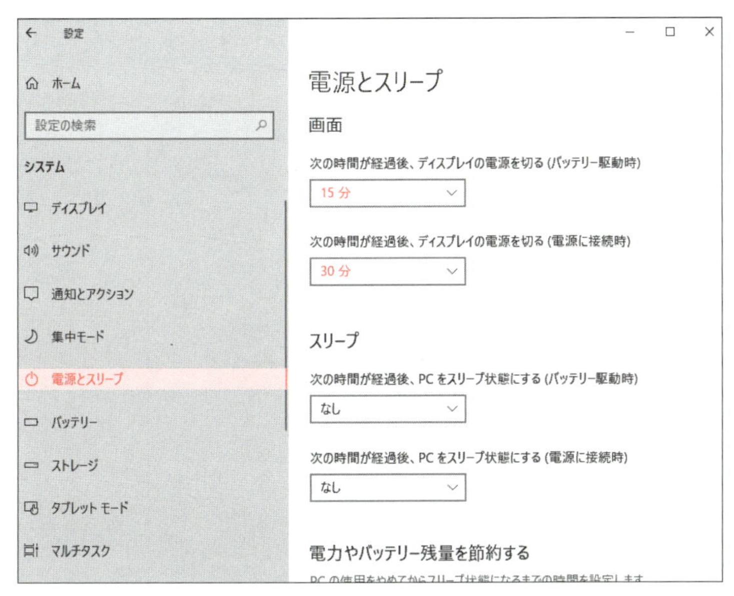

※電源が切れた状態のディスプレイを復帰させるには、マウスを動かしたり、キーボードのキーを押したりします。

Q&A3 マウスが動かない

マウスが動かない場合は、マウスのコードが本体に接続されていない可能性があります。まず、コードが本体にしっかり接続されているかを確認しましょう。
次に、マウスの裏面が汚れていないかを確認します。マウスの裏面が汚れていると動きが悪くなる場合があります。裏面を乾いた柔らかい布で拭いて、定期的に掃除するようにしましょう。
光学式のマウスの場合、ガラスや鏡などのように反射するもの、光沢のあるもの、単一の模様が入ったものなどの上では正しく動作しない場合があります。光沢のない無地のマウスパッドの上で操作するとよいでしょう。また、マウスを接続しているUSB（ユーエスビー）ポートを変えてみるのもよいでしょう。
それでもマウスが動かない場合は、マウスが壊れている可能性があります。マウスを修理に出す、買い替えるなどの対応をとりましょう。

Q&A4　マウスポインターが小さくて見つけにくい

マウスポインターのサイズが小さく、見つけるのに時間がかかる…そんなときには、設定メニューでマウスポインターの表示サイズを大きくするとよいでしょう。
マウスポインターの表示サイズを変更する方法は、次のとおりです。

①　（スタート）をクリック
②　（設定）をクリック
③**《簡単操作》**をクリック

④左側の一覧から**《カーソルとポインターのサイズ》**を選択
⑤**《ポインターのサイズを変更する》**の一覧からサイズを選択

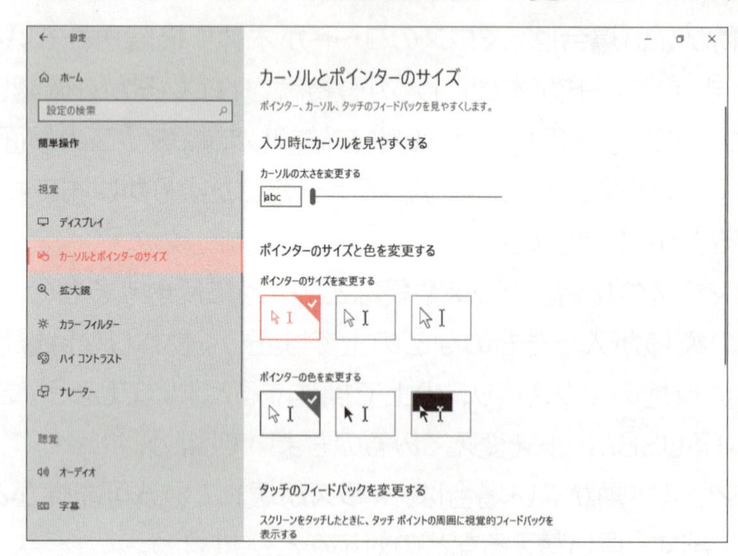

Q&A5 テンキーの数字が入力できない

数字を入力するときは、キーボードの数字が集まったキー(テンキー)を使うと効率的です。ただし、テンキーで数字を入力するときは、**「NumLock状態」**(ナムロック)がオンになっている必要があります。
NumLock状態がオンになっているかどうかは、キーボードのNumLockや1のランプを確認します。ランプが点灯しているときはNumLock状態がオン、ランプが点灯していないときはNumLock状態がオフであることを表します。テンキーを使って数字を入力するときは、NumLockを押して、NumLock状態をオンに切り替えましょう。

Q&A6 アルファベットがすべて大文字になってしまう

アルファベットを入力したとき、すべて大文字になってしまう場合は、**「CAPSキーロック状態」**(キャプス)がオンになっています。
CAPSキーロック状態がオンになっているかどうかは、キーボードのCapsLock(キャプスロック)やAのランプを確認します。ランプが点灯しているときはCAPSキーロック状態がオン、ランプが点灯していないときはCAPSキーロック状態がオフであることを表します。小文字で入力を行うときは、Shift+Caps Lock 英数を押して、CAPSキーロック状態をオフに切り替えましょう。

Q&A7 印刷を実行したのにプリンターから出力されない

プリンターから正しく出力されない場合は、次の点を確認しましょう。

●プリンターの電源が入っているか

電源コードがコンセントにきちんと差し込まれ、プリンターの電源が入っていることを確認しましょう。

●プリンターのケーブルがパソコン本体に接続されているか

ケーブルが接続されているように見えても、一旦外して、しっかり差し込みましょう。

●用紙がセットされているか

用紙切れになっている場合には、給紙トレイに用紙を補充しましょう。

●用紙が詰まっていないか

プリンターに用紙が詰まっている場合には、プリンターに添付されている説明書に従い、プリンターを傷つけないように用紙を取り除きましょう。
用紙はセットする前に平らな場所で用紙の端をそろえ、給紙トレイに対してまっすぐにセットして紙詰まりを防ぎましょう。

●パソコンがプリンターを認識しているか

パソコンにプリンターを接続すると、Windowsが自動的にプリンターを認識して利用できる状態にしようと試みます。プリンターが自動的に認識されない場合には、ユーザーが手動で設定する必要があります。プリンターに添付されている説明書に従い、プリンターを使うために必要な設定を行いましょう。
また、無線LANを使ってプリンターと接続している場合は、ネットワークが正しく接続されているかを確認します。

Q&A8 インターネットにつながらない

ホームページを見ることもメールを送受信することもできない場合は、インターネットの接続に原因があると考えられます。無線で接続している場合は、ネットワークが正しく接続されているかを確認します。LANケーブルで接続している場合は、LANケーブルがしっかり接続されているか、LANケーブルの接続先は間違っていないかを確認します。LANケーブルがきちんと接続されているように見えても、奥までしっかり差し込まれていない場合があります。一旦外してカチッと音がするまで差し込みましょう。
また、回線終端装置などの機器の電源が入っているかを確認します。そのとき、機器に表示される接続状況が正常であるかも確認します。異常が確認された場合は、回線状態または機器に問題がある可能性があります。プロバイダーまたは通信回線業者に問い合わせるとよいでしょう。
回線状態または機器に異常がみられない場合は、パソコンの設定やインターネットの接続設定が間違っている可能性があります。説明書を参照し、設定が間違っていないかを確認しましょう。

※インターネットへの接続はプロバイダーや接続方法によって操作が異なります。詳しくは、各プロバイダーの説明書を確認したり、サポートセンターに問い合わせたりしましょう。

Q&A9 画面が固まって動かない

パソコンを使っていると、突然画面が固まって、マウスやキーボードで操作してもまったく応答しなくなることがあります。アプリだけが応答しないのであれば、そのアプリだけを強制的に終了すると、解決できます。
アプリを強制終了する方法は、次のとおりです。

①[Ctrl]+[Alt]+[Delete]を押す
②**《タスクマネージャー》**をクリック
③**《タスクマネージャー》**が表示される
④一覧から応答していないアプリを選択
⑤**《タスクの終了》**をクリック

タスク マネージャー
ペイント
詳細(D)　タスクの終了(E)

Ctrl + Alt + Delete を押してもまったく反応しない場合は、パソコンの電源ボタンを数秒間押して、強制的にパソコンの電源を切ります。パソコンの電源を強制的に切断すると、パソコン内のファイルが壊れてしまい、復旧しない可能性があります。最終手段と考えておきましょう。

Q&A10 パソコンの動きが遅くなった

パソコンを長く使っていると、起動するまでに時間がかかったり、ダブルクリックした後の反応が悪くなったりすることがあります。そんなときは、次の3つの機能を実行してみましょう。

- **●ディスククリーンアップ**
- **●エラーチェック**
- **●ドライブの最適化**

●ディスククリーンアップ

パソコンを使い続けていると、ホームページを閲覧した履歴や一時ファイルなどが、ハードディスク内に増え続けていきます。それらのファイルがハードディスクを圧迫すると、パソコンの処理速度が遅くなってしまうことがあります。**「ディスククリーンアップ」**を実行すると、これらのファイルを一気にまとめて削除し整理できます。
ディスククリーンアップを実行する方法は、次のとおりです。

①タスクバーの　（エクスプローラー）を選択
②左側の一覧から**《PC》**を選択
③ディスククリーンアップを実行するドライブを右クリック
④**《プロパティ》**をクリック

⑤**《全般》**タブを選択

⑥**《ディスクのクリーンアップ》**をクリック

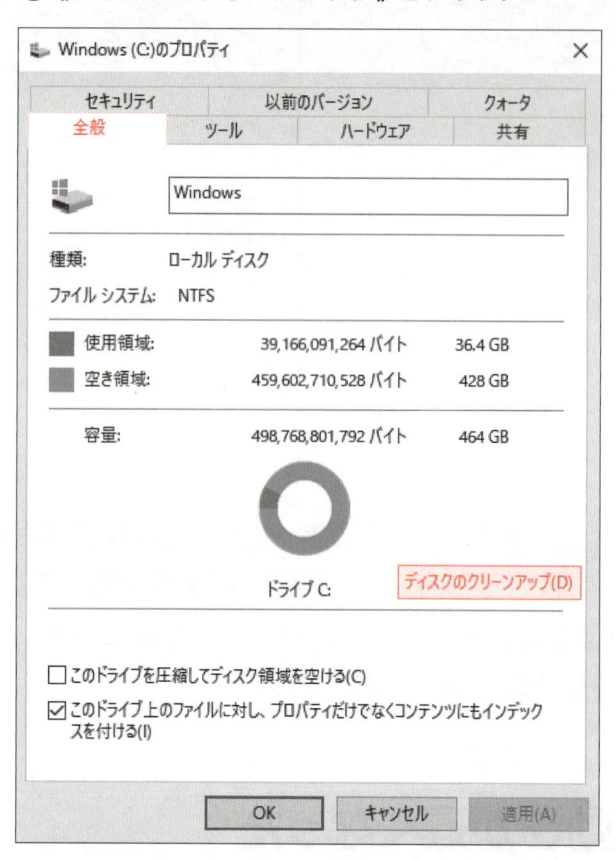

⑦**《削除するファイル》**の一覧から削除するファイルの種類を☑にする

⑧**《OK》**をクリック

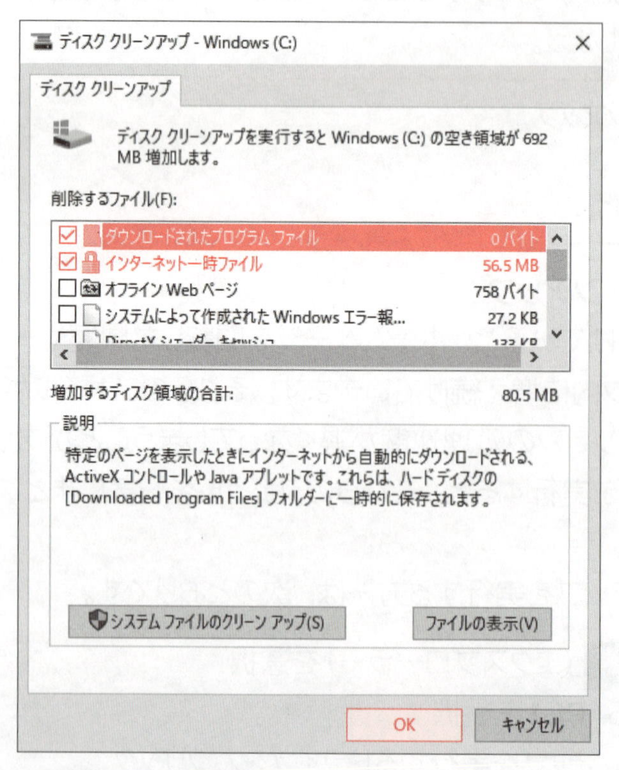

⑨**《ファイルの削除》**をクリック

●エラーチェック

何らかの原因でファイルの一部が壊れていたり、ハードディスクが損傷していたりするために、パソコンの処理速度が遅くなってしまうことがあります。ハードディスクを安心して使うために、エラーがないかどうかを定期的に点検しましょう。**「エラーチェック」**を実行すると、ファイルやハードディスクのエラー箇所を発見し、その箇所を修復できます。

エラーチェックを実行する方法は、次のとおりです。

①タスクバーの （エクスプローラー）をクリック
②左側の一覧から**《PC》**を選択
③エラーチェックを実行するドライブを右クリック
④**《プロパティ》**をクリック
⑤**《ツール》**タブを選択
⑥**《チェック》**をクリック

⑦エラーチェックの結果が表示される

●ドライブの最適化

ハードディスクにファイルを保存するとき、記憶領域の先頭から空いているところを見つけて順番に書き込んでいきます。しかし、ファイルを新しく作成したり、いらなくなったので削除したりといったことを繰り返していくと、データがハードディスク内にばらばらに散らばって書き込まれてしまいます。これを**「断片化」**といいます。断片化が進むと、パソコンの処理速度が遅くなってしまいます。**「最適化」**を実行すると、断片化したファイルを連続した状態に整頓することができます。

ドライブの最適化を実行する方法は、次のとおりです。

①タスクバーの （エクスプローラー）をクリック
②左側の一覧から**《PC》**を選択
③ハードディスクドライブを右クリック
④**《プロパティ》**をクリック
⑤**《ツール》**タブを選択
⑥**《最適化》**をクリック

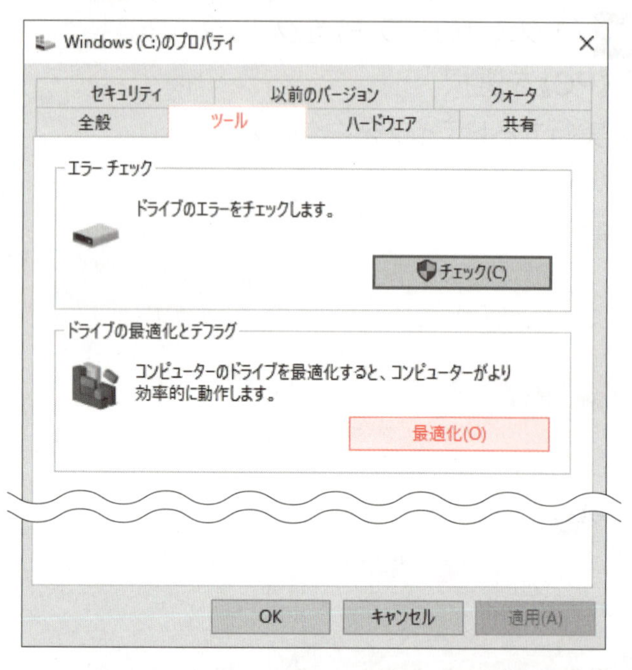

⑦**《状態》**の一覧から最適化を実行するドライブを選択
⑧**《分析》**をクリック
⑨**《現在の状態》**でディスク領域が断片化している割合を確認
※割合が10%を超えている場合は、最適化を実行した方がよいでしょう。
⑩**《最適化》**をクリック

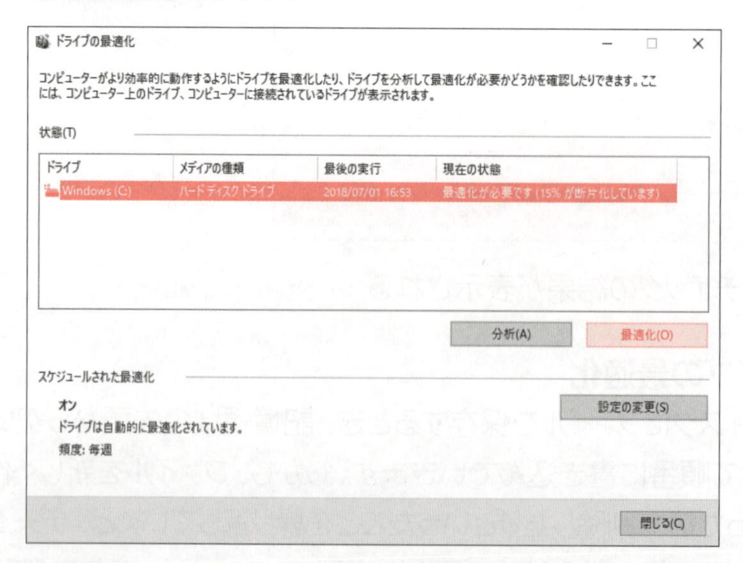

⑪最適化が終了すると、**《最後の実行》**の日時が更新される
※ハードディスクの容量や断片化の状態によって、終了まで時間がかかる場合があります。
⑫**《閉じる》**をクリック

よくわかる

Index

索引

Index 索引

数字

英字

あ

い

う

え

お

そ

た

ち

つ

て

と

な

に

ね

の

は

ひ

ふ

へ

ほ

ま

み

む

め

も

ゆ

よ

り

る

れ

ろ

わ

Romanize

ローマ字・かな対応表

あ	あ	い	う	え	お
	A	I	U	E	O
	ぁ	ぃ	ぅ	ぇ	ぉ
	LA XA	LI XI	LU XU	LE XE	LO XO
か	か	き	く	け	こ
	KA	KI	KU	KE	KO
	きゃ	きぃ	きゅ	きぇ	きょ
	KYA	KYI	KYU	KYE	KYO
さ	さ	し	す	せ	そ
	SA	SI SHI	SU	SE	SO
	しゃ	しぃ	しゅ	しぇ	しょ
	SYA SHA	SYI	SYU SHU	SYE SHE	SYO SHO
た	た	ち	つ	て	と
	TA	TI CHI	TU TSU	TE	TO
			っ		
			LTU XTU		
	ちゃ	ちぃ	ちゅ	ちぇ	ちょ
	TYA CYA CHA	TYI CYI	TYU CYU CHU	TYE CYE CHE	TYO CYO CHO
	てゃ	てぃ	てゅ	てぇ	てょ
	THA	THI	THU	THE	THO
な	な	に	ぬ	ね	の
	NA	NI	NU	NE	NO
	にゃ	にぃ	にゅ	にぇ	にょ
	NYA	NYI	NYU	NYE	NYO
は	は	ひ	ふ	へ	ほ
	HA	HI	HU FU	HE	HO
	ひゃ	ひぃ	ひゅ	ひぇ	ひょ
	HYA	HYI	HYU	HYE	HYO
	ふぁ	ふぃ		ふぇ	ふぉ
	FA	FI		FE	FO
	ふゃ	ふぃ	ふゅ	ふぇ	ふょ
	FYA	FYI	FYU	FYE	FYO
ま	ま	み	む	め	も
	MA	MI	MU	ME	MO
	みゃ	みぃ	みゅ	みぇ	みょ
	MYA	MYI	MYU	MYE	MYO

や	や	い	ゆ	いぇ	よ
	YA	YI	YU	YE	YO
	ゃ		ゅ		ょ
	LYA XYA		LYU XYU		LYO XYO
ら	ら	り	る	れ	ろ
	RA	RI	RU	RE	RO
	りゃ	りぃ	りゅ	りぇ	りょ
	RYA	RYI	RYU	RYE	RYO
わ	わ	うぃ	う	うぇ	を
	WA	WI	WU	WE	WO
ん	ん				
	NN				
が	が	ぎ	ぐ	げ	ご
	GA	GI	GU	GE	GO
	ぎゃ	ぎぃ	ぎゅ	ぎぇ	ぎょ
	GYA	GYI	GYU	GYE	GYO
ざ	ざ	じ	ず	ぜ	ぞ
	ZA	ZI JI	ZU	ZE	ZO
	じゃ	じぃ	じゅ	じぇ	じょ
	JYA ZYA JA	JYI ZYI	JYU ZYU JU	JYE ZYE JE	JYO ZYO JO
だ	だ	ぢ	づ	で	ど
	DA	DI	DU	DE	DO
	ぢゃ	ぢぃ	ぢゅ	ぢぇ	ぢょ
	DYA	DYI	DYU	DYE	DYO
	でゃ	でぃ	でゅ	でぇ	でょ
	DHA	DHI	DHU	DHE	DHO
	どぁ	どぃ	どぅ	どぇ	どぉ
	DWA	DWI	DWU	DWE	DWO
ば	ば	び	ぶ	べ	ぼ
	BA	BI	BU	BE	BO
	びゃ	びぃ	びゅ	びぇ	びょ
	BYA	BYI	BYU	BYE	BYO
ぱ	ぱ	ぴ	ぷ	ぺ	ぽ
	PA	PI	PU	PE	PO
	ぴゃ	ぴぃ	ぴゅ	ぴぇ	ぴょ
	PYA	PYI	PYU	PYE	PYO
ヴ	ヴぁ	ヴぃ	ヴ	ヴぇ	ヴぉ
	VA	VI	VU	VE	VO
っ	後ろに「N」以外の子音を2つ続ける 例:だった→DATTA				
	単独で入力する場合 LTU　XTU				

よくわかる
初心者のためのパソコン入門 <改訂版>
Windows® 10 April 2018 Update 対応
(FPT1801)

2018年7月4日　初版発行
2022年4月28日　第2版第6刷発行

著作/制作：富士通エフ・オー・エム株式会社

発行者：山下　秀二

発行所：FOM出版（富士通エフ・オー・エム株式会社）
〒144-8588 東京都大田区新蒲田1-17-25
株式会社富士通ラーニングメディア内
https://www.fom.fujitsu.com/goods/

印刷/製本：アベイズム株式会社

表紙デザインシステム：株式会社アイロン・ママ

キーボード配列図

FMV ESPRIMO（FH シリーズ）
FMV LIFEBOOK（AH シリーズ）

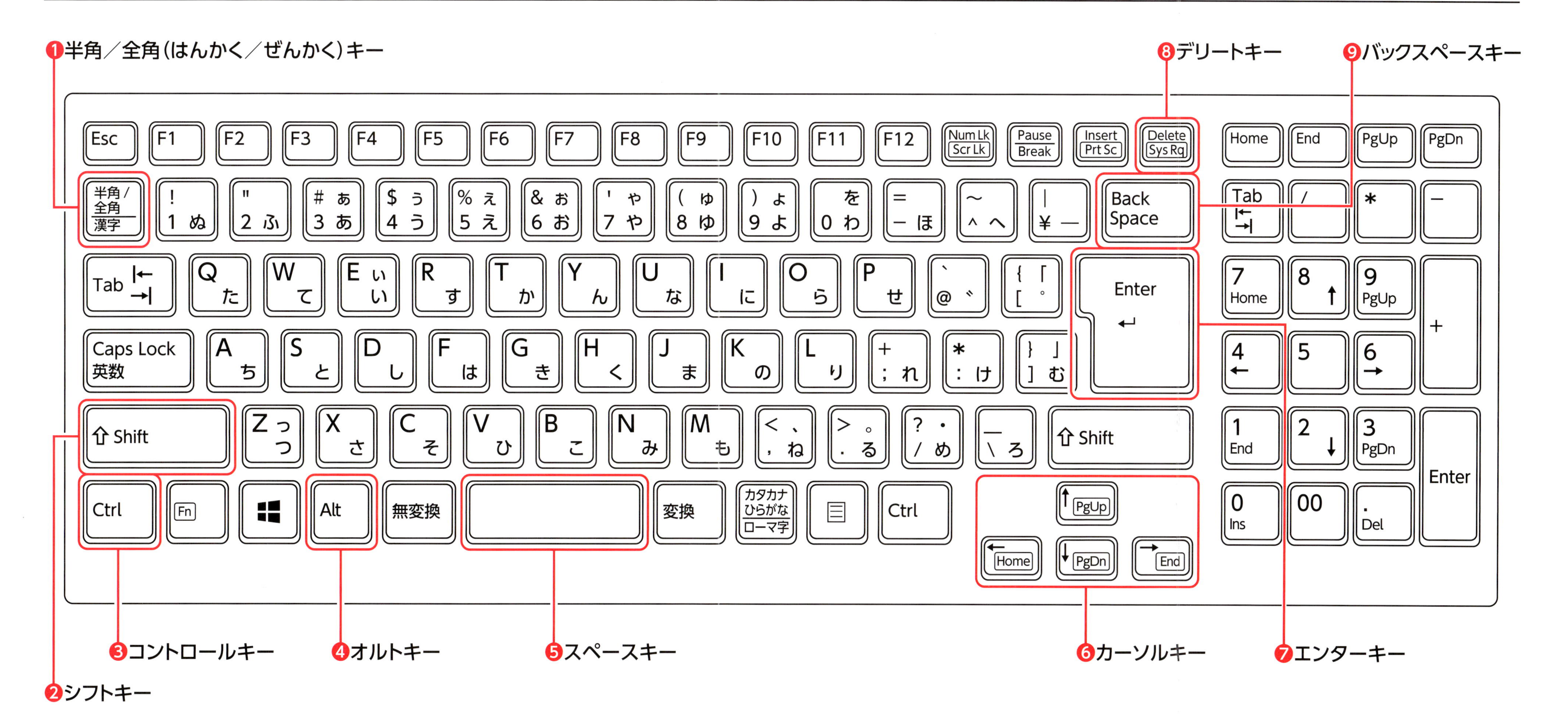

❶日本語入力システムのオン・オフを切り替えます

❷❸❹ほかのキー(文字キーなど)と組み合わせて使います

❺空白（スペース）を入力したり、入力した文字を変換したりするときに使います

❻カーソルを移動する時などに使います

❼変換した文字を確定したり、改行したりするときに使います

❽カーソルの右側の文字を削除します

❾カーソルの左側の文字を削除します